はじめての自動車運動学

力学の基礎から学ぶクルマの動き

竹原 伸 著

Vehicle Dynamics

森北出版株式会社

●本書の補足情報・正誤表を公開する場合があります．当社 Web サイト（下記）
で本書を検索し，書籍ページをご確認ください．
　　　　　　　　　https://www.morikita.co.jp/

●本書の内容に関するご質問は下記のメールアドレスまでお願いします．なお，
電話でのご質問には応じかねますので，あらかじめご了承ください．
　　　　　　　　　editor@morikita.co.jp

●本書により得られた情報の使用から生じるいかなる損害についても，当社およ
び本書の著者は責任を負わないものとします．

|JCOPY|〈(一社)出版者著作権管理機構 委託出版物〉
本書の無断複製は，著作権法上での例外を除き禁じられています．複製される
場合は，そのつど事前に上記機構（電話 03-5244-5088，FAX 03-5244-5089，
e-mail: info@jcopy.or.jp）の許諾を得てください．

まえがき

　本書は，自動車に興味があり運動を論理的に理解したい人，自動車関連の業務に携わっていて車両運動の理解を深めたい人，自動車を題材にして物理学や機械力学の基礎を学びたい大学生などを対象とした，車両運動学の入門書である．

　自動車の運動は，日常の運転や同乗でほとんどの人が体験する．ブレーキを踏んで減速するときは前のめりになり，コーナーを曲がるときは横向きの遠心力を受ける．このような一つひとつの事象は，すべて運動の法則に基づいて論理的に説明することができる．数式や公式を学ぶとき，その現象を経験したり体感したものであれば，式の意味を論理と感覚の両面から理解することができる．原理や法則を学ぶごとに，そしてそれを体感するたびに，理解はさらに高まっていく．いつも身近にある自動車は，運動学を学習するために最も相応しいテーマといえよう．

　本書は 11 の章からなり，力学の基礎から自動車の専門的な知識へと段階的に理解できる編成としている．前半は，力学を学ぶ上で基礎となる「力のつり合い」「力と運動」「摩擦力」「仕事とエネルギー」「振動」などについて，自動車の事例を中心に解説した．後半は，自動車特有の運動を対象として，「駆動と制動の運動」「旋回の運動」「車両の運動特性」「乗り心地」など，力学の知識を応用して車両運動を理解できる構成にした．また，最終章では，車両運動に関係する代表的な制御システムを紹介した．全体を通して，例題は記号や文字で解を求めるだけでなく，数値を当てはめることで実感としても理解できるようにし，理解を助けるために，講義で実際に説明している内容をコラムとして随所に挿入した．また，各章には演習問題を設け，例題を発展させた問題を示した．

　本書を執筆するにあたり，過去の多くの書籍や文献，研究論文を参考にさせていただいた．それらの文献の著者や研究者の方々には深い謝意を表するとともに，拙著の至らぬ点についてご教示をお願いしたい．また，出版に際しては，森北出版の方々をはじめ，ご援助をいただいた関係者に心からお礼を申し上げる次第である．

2014 年夏

竹原　伸

目　次

第 1 章　自動車の運動 …………………………………………… 1
1.1　「走る」「曲がる」「止まる」と「乗り心地」 ……………… 1
1.2　自動車の運動性能 …………………………………………… 5
1.3　運動学で扱う単位 …………………………………………… 10

第 2 章　力のつり合い …………………………………………… 13
2.1　力のつり合い ………………………………………………… 13
2.2　重心 …………………………………………………………… 16
2.3　ばねと変位 …………………………………………………… 21

第 3 章　力と運動 ………………………………………………… 28
3.1　運動の表現 …………………………………………………… 28
3.2　運動の力学 …………………………………………………… 31
3.3　回転運動 ……………………………………………………… 38

第 4 章　タイヤの摩擦力 ………………………………………… 45
4.1　摩擦力 ………………………………………………………… 45
4.2　タイヤの前後力 ……………………………………………… 47
4.3　タイヤの横力 ………………………………………………… 50

第 5 章　運動とエネルギー ……………………………………… 55
5.1　力学的エネルギー …………………………………………… 55
5.2　衝突 …………………………………………………………… 60
5.3　馬力と走行抵抗 ……………………………………………… 66

第 6 章　振動の力学 ……………………………………………… 73
6.1　振動の基本 …………………………………………………… 73
6.2　振動の解析 …………………………………………………… 78

第 7 章　駆動と制動の運動 — 85
- 7.1　加速と登坂の運動 …………………………………… 85
- 7.2　制動の運動 …………………………………………… 90

第 8 章　旋回の運動 — 99
- 8.1　極低速の旋回 ………………………………………… 99
- 8.2　定常円旋回 …………………………………………… 106

第 9 章　車両の運動特性 — 112
- 9.1　ステア特性 …………………………………………… 112
- 9.2　操舵時の運動 ………………………………………… 121

第 10 章　乗り心地 — 128
- 10.1　車体の振動 …………………………………………… 128
- 10.2　乗り心地とサスペンション特性 …………………… 134

第 11 章　車両運動の制御システム — 138
- 11.1　駆動と制動の制御 …………………………………… 138
- 11.2　操舵の制御 …………………………………………… 139
- 11.3　乗り心地の制御 ……………………………………… 141

演習問題解答 ………………………………………………… 144
参考文献 ……………………………………………………… 149
索　引 ………………………………………………………… 150

車両諸元と記号表

自動車のおもな諸元と，本書で用いる記号の表を示す．また，添え字で示す f, r は前方（front）および後方（rear）を意味する．たとえば，重量 W_f は，前輪重量である．同様に o, i は外側（outer），内側（inner）を表す．

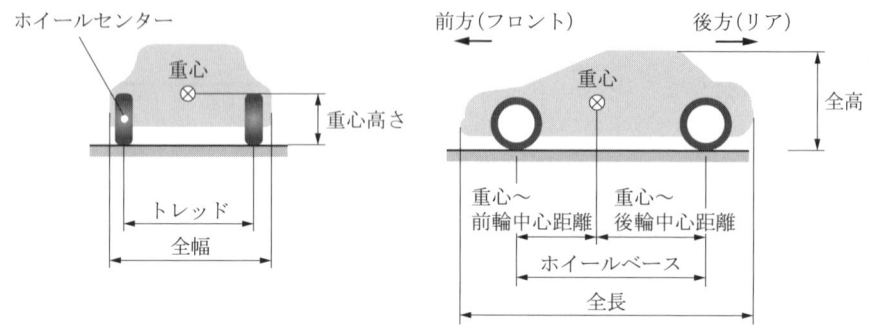

車両諸元と車両運動性能に関する寸法の関係

記号表

記号	意味	記号	意味
m	車両質量	l_f	重心～前輪中心距離
I	車両慣性モーメント	l_r	重心～後輪中心距離
v	速度	h	重心高さ
a	加速度	γ	ヨーレイト
W	車両重量	β	車体スリップ角
W_f	前輪荷重	δ_i	内側前輪舵角
W_r	後輪荷重	δ_o	外側前輪舵角
C.G.	車両重心	F_f	前輪コーナリングフォース
l	ホイールベース	F_r	後輪コーナリングフォース
b	トレッド	B_f	前輪制動力
		B_r	後輪制動力

第1章

自動車の運動

　自動車の運動の基本は「走る」「曲がる」「止まる」である．本書では，これらに加えて「乗り心地」を学ぶ．これらの運動に運動学の知識を応用すれば，自動車の運動を論理的に理解することができる．自動車に乗るときに体感した，加速感や振動を思い出しながら，運動のしくみを考えてみよう．

1.1 「走る」「曲がる」「止まる」と「乗り心地」

　アクセルペダル，ステアリングホイール（ハンドル），ブレーキペダルなど，自動車を運転するための装置を**操作系**という．ドライバーが操作系を用いて運転すると，それぞれに対応する**システム**がはたらき，車両に駆動力，横力，制動力などを発生させる．これらの力は車両に**入力**として作用し，車両は「走る」「曲がる」「止まる」の**運動**をする．「乗り心地」はドライバー操作による応答ではないが，路面凹凸などを入力とする**運動**である．

　運転から運動への一連の関係は，以下のように表すことができる．

≪運転≫		≪システム≫		≪入力≫		≪運動≫
アクセルペダル	→	パワートレイン	→	駆動力	→	走る
ステアリングホイール	→	ステアリング	→	横力	→	曲がる
ブレーキペダル	→	ブレーキ	→	制動力	→	止まる
				路面凹凸	→	乗り心地

　「運転 → システム → 入力」の関係を知るには，それぞれのシステムの構造や機能を理解することが重要である．本書では，この章で，構造や機能の概要のみを述べるが，実車を運転したり構造を調べると，さらに深く理解することができるだろう．

　入力 → 運動の関係を理解するには，運動学の基礎を学び，車両運動へ応用することが必要である．入力は，おもにタイヤとサスペンションを介して車体に伝達される．

また，空気抵抗や慣性力なども，車両への入力となって作用する．これらの入力により，車両は「走る」「曲がる」「止まる」「乗り心地」の運動を行う．

ドライバーは，運動の状態を常に感知しながら運転する．運転から車両運動までの関係は，図 1.1 に示すように連続的な運動として表現することができる．

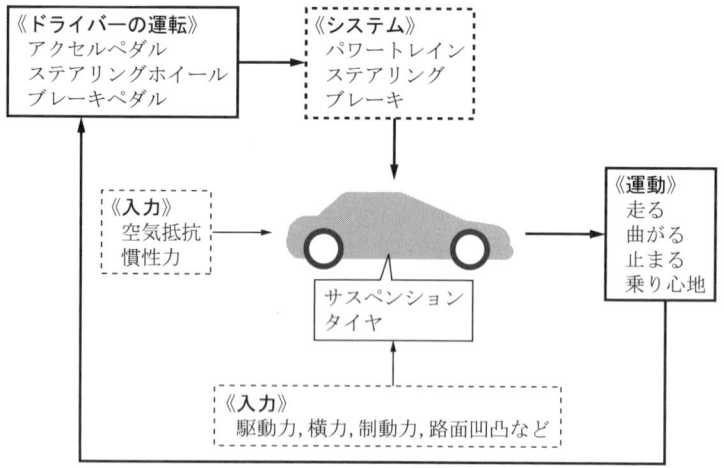

図 1.1　自動車の運転と運動

1.1.1　走る

車両を走行させるための動力および動力伝達装置を総称して，パワートレインとよぶ（図 1.2）．おもな構成部品として，エンジン，トランスミッション，トルクコンバータ，コントロールユニットなどがある．エンジンは動力を発生し，トルクコンバータは動力をトランスミッションに伝える装置である．トルクとは回転力のことで，トルクコンバータは内部に流体を用いており，エンジンとトランスミッションとの回転数のずれを解消したり，トルクを増大させる作用がある．コントロールユニッ

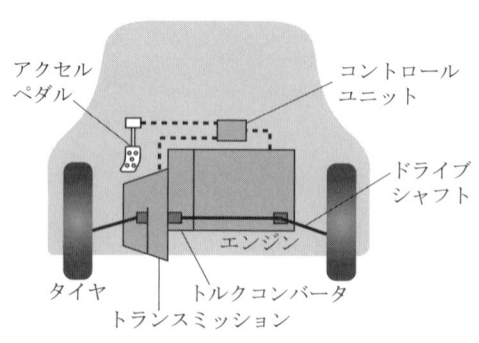

図 1.2　パワートレインの構造

トは，ドライバーがどれだけアクセルペダルを踏み込んだかを計測した値に基づき，速度などの車両走行状況を検知して，適切なエンジン回転数や出力を算出する．この算出量を目標にして，燃料噴射量や吸入空気量によるエンジン出力制御，およびトランスミッションなどの制御を行う．この出力はドライブシャフトを経由してタイヤに伝えられ，タイヤと路面との間に摩擦力を発生させる．この摩擦力が車両の駆動力であり，駆動力によって車両は「走る」ことができる．

1.1.2 曲がる

ステアリングの構造を図 1.3 に示す．ドライバーがステアリングホイール（ハンドル）を回すと，コラムを経由してピニオンギアが回転する．ピニオンギアとラックギアは，図 1.4 のように噛み合い，ラックギアは左右方向に変位する．ラックギアの両端は，タイロッドによりナックルアームに連結されている．連結はボールジョイントの構造になっているため，ラックギアが左右に動けばタイヤを転舵することができる．

走行中にタイヤを転舵すると，ゴム製のタイヤは路面との接地面がねじれる．このねじれにより，タイヤに横力（横方向へはたらく力）が発生する．たとえば，タイヤを左に向きに転舵すると，タイヤに左向きの横力が発生する．この横力が車両に作用して，車両は「曲がる」ことができる．

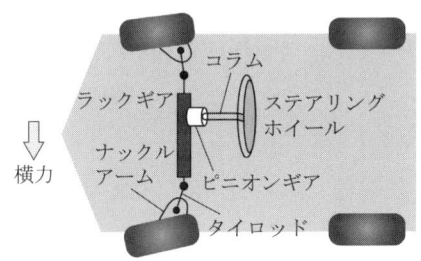

図 1.3 ステアリングの構造

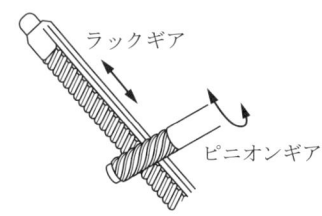

図 1.4 ラックギアとピニオンギア

1.1.3 止まる

図 1.5 に，油圧ブレーキの構造を示す．走行中にブレーキをかけるときの，ドライバーの操作とブレーキシステムの作動は次の順序で行われる．ブレーキペダルを踏むと，エンジン負圧を利用した倍力装置により力が増大され，マスタシリンダのピストンを押す．マスタシリンダは油圧を発生させる装置で，ピストンが押されると内部に充填されているブレーキオイルの圧力が高まる．図(b)は，ディスクブレーキを簡素化した図で，配管内の圧力が高まるとパッドがロータに押しつけられ，摩擦力によりロータの回転を減速させる．ロータはタイヤと結合しているため，タイヤの回転が減

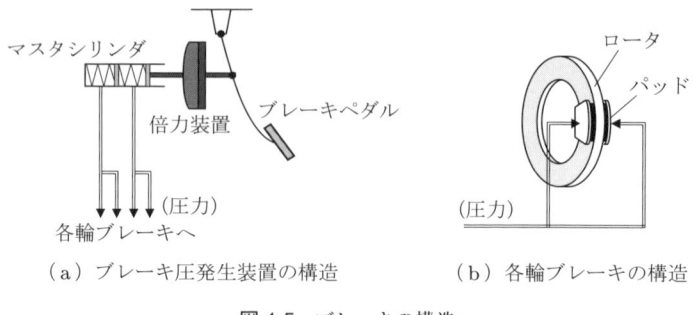

(a) ブレーキ圧発生装置の構造　　（b）各輪ブレーキの構造

図 1.5　ブレーキの構造

速して，路面との間に摩擦力が発生する．この摩擦力が制動力となって車両を減速させ，「止まる」ことができる．

1.1.4　乗り心地

乗り心地は，シートの座り心地，視界，空調や振動騒音などを総合的にとらえることがあるが，本書では，路面の凹凸などによる入力に対する振動現象として，乗り心地を考える．車両が走行するとタイヤには力の変動が発生し，フロアやシートなど，車両の各部に振動が伝達される．その中でも影響が大きいのはサスペンションである．

サスペンションは，車重を支持すると同時に，振動を抑制する制振機能，路面からの振動を遮断する防振機能がある．図 1.6 に示すように，ばね，ダンパー，アームなどで構成され，車体への取り付け部（サスペンションマウントやブッシュ）にはゴム部材が用いられる．第 6 章や第 10 章では，振動の基礎を解説し，サスペンションと乗り心地との関係を学ぶ．

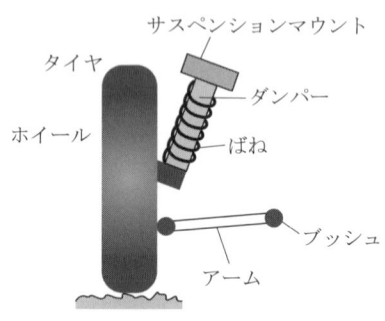

図 1.6　サスペンションの構造

1.2 自動車の運動性能

自動車の「走る」「曲がる」「止まる」「乗り心地」の運動は，それぞれの車種によって性能が異なる．本節では，運動性能の評価方法や特性について解説する．

1.2.1 走る性能

走る性能には，加速性能，登坂性能，最高速度性能，運転性能（ドライバビリティ），燃費性能などがあり，総称して動力性能とよばれる．

加速性能は，発進や追越しの際に，意図したとおりに車両が加速するかどうかで評価される．これには，パワートレインの出力や，タイヤと路面との摩擦状態などが関係する．登坂性能は，坂道での発進や登坂の性能で，駆動力のほかに駆動方式や車両の重心位置などが影響する．最高速度性能は，無風の状態で平坦路を走行できる最高速度を表す性能で，駆動力と走行抵抗によって決定される．運転性能とは，アクセルペダルの操作に対する自動車の応答に関する性能で，反応がよければ運転性能が高いという．燃費性能は，走行距離に対する燃料の消費率で，日本では燃料 1 リットルあたりの走行距離で表現することが多いが，欧州では走行距離 100 km あたりの消費燃料で評価するなど，評価法や表現法はさまざまである．

近年では，燃費向上の機運が高まり，図 1.7 に示すような，エンジンとモーターの 2 種類の動力装置を備えたハイブリッドカーが増加している．ハイブリッドカーは，エンジンとモーターを効率よく使い分けて走行する．発進や登り坂はエンジンの効率が悪いためモーターで駆動し，一定の速度で走行するときはモーターよりも効率のよいエンジンで走行する．ブレーキを踏む場合や坂道を下るときは，余分なエネルギー

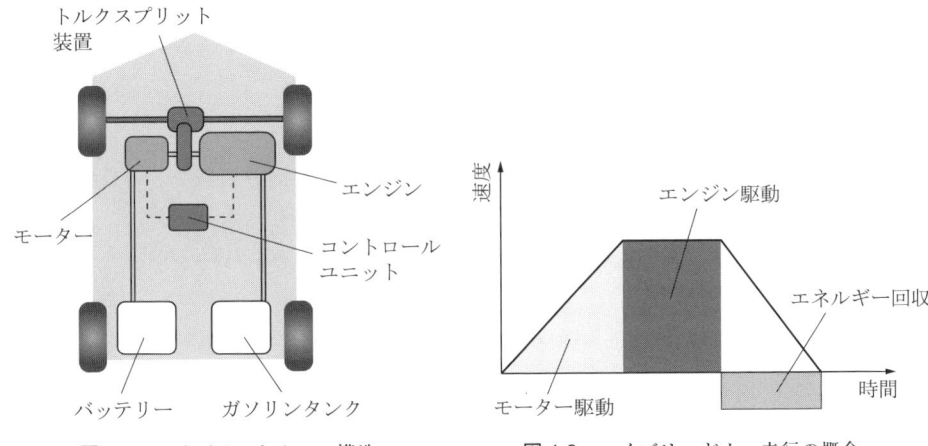

図 1.7　ハイブリッドカーの構造　　　図 1.8　ハイブリッドカー走行の概念

を回収しながら走行することもできる（図 1.8）．

また，小型車を中心に，常時モーターで駆動する電気自動車も増加してきている．

1.2.2 曲がる性能

曲がる性能は，操縦安定性（略して操安性）とよばれ，図 1.9 に示す具体的な事例のほか，さまざまな車両挙動に関係する．操縦性とは，ドライバーの意図したとおりに車両が応答して走行するかを評価する表現であり，安定性とは，外乱などによる走行の乱れや不安定さを評価する言葉である．操縦性と安定性は互いに重複した性能として評価されることが多いが，厳密には異なった特性と解釈される．

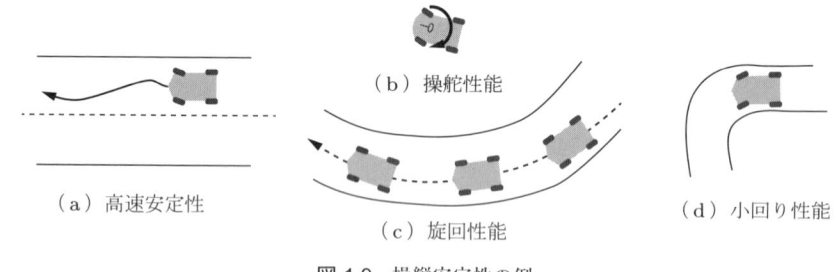

図 1.9 操縦安定性の例

操縦性は，操舵力特性と車両応答性に大別することができる．操舵力特性は，駐車や渋滞した市街地を低速で走行するとき，軽々と操舵することができ，滑らかで取り回しの忙しさがなく，自然にハンドルが戻ることが必要である．中高速では，操舵トルクの適度な大きさや路面の手応えなど，ドライバーが安心して操舵できる特性が求められる．車両応答性は，ドライバーの意図に対して正確に車両がコントロールされているかを評価する．操舵量や操舵速度に応じた車両応答の大きさ，応答時間，応答の線形性などが対象になる．コーナーやレーンチェンジでは，ドライバーの意図する走行ラインを正確にトレースできるかどうかが重要である．

一方，安定性は，路面の凹凸や横風などの外乱を受けたときや，コーナリングやブレーキ操作での車両挙動の安定性を扱う．直進状態では路面や横風などの外乱に対して，進路方向の変化やハンドルの取られなどがなく，安心して走行できることが重要である．コーナリングやレーンチェンジにおいては，オーバシュートが小さく十分なダンピングが必要である．

以上の関係をまとめると，図 1.10 で示すことができる．操縦性と安定性は互いに関連し合っており，中にはトレードオフの関係にあるものが含まれる．たとえば，操縦性改善のために応答性を高めると，安定性が損なわれることがある．車両の運動性能は，このような複雑な相互関係を把握しながら個々の性能を向上させ，総合的な性

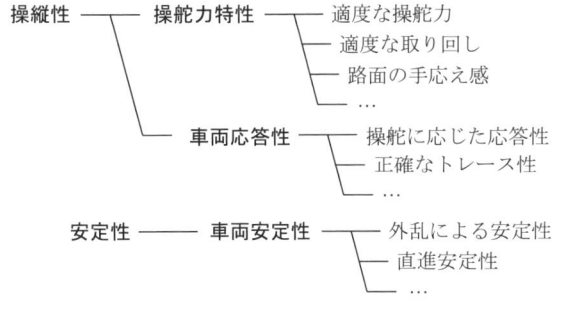

図 1.10 操縦性と安定性

能向上が図られている.

1.2.3 止まる性能

日常の運転では,さまざまな状況でブレーキ操作が行われ,ブレーキに求められる性能は状況に応じて多岐にわたっている.市街地を走行中に,前方の赤信号手前で停止しようとするときは,ブレーキペダルを軽く踏むことで車両を緩やかに減速させ,滑らかに停止させたい.前方車両に追従するときには,意図したとおりにスピードと車間距離をコントロールしたい.不意の飛び出しなどで緊急ブレーキが必要な場合は,最大の減速度を得て最短距離で停車したい.また,高速走行中に急激なブレーキをかけるときや,雪道やアイスバーンなどの路面が滑りやすい状況でも,安全に減速したい.このようなさまざまな性能が,ブレーキには求められる.

代表的な制動性能試験に,時速 100 km からの緊急制動テストがある.試験は乾燥路面(ドライ)と濡れた路面(ウェット)で測定され,停止するまでの距離や安定性,路面の違いによる挙動差などを評価する.一般の車両では,ドライでの停止距離は 40 m 前後で,ウェットではそれより 4〜5 m 長くなることが多い.

ブレーキをかけ始めてから車両の減速が始まるまでには一定の時間がかかる.これを空走時間といい,減速することなく進む距離を空走距離という.また,減速が始まって停止するまでに走行した距離を制動距離とよぶ.空走距離と制動距離の合計が停止距離となる(図 1.11).

油圧ブレーキは,運動エネルギーを熱エネルギーに変換して車両を減速または停止させる装置である.暑い日に長い下り坂で連続的にブレーキを作動させると異常な温度上昇を招き,熱のため摩擦係数が減少するフェード現象や,ブレーキ液が沸騰してブレーキ圧が低下するベーパーロックなどが問題になることがある.このような問題は,過度なブレーキ操作によりブレーキ部品の熱容量が限界を超える場合に発生する.

8　1章　自動車の運動

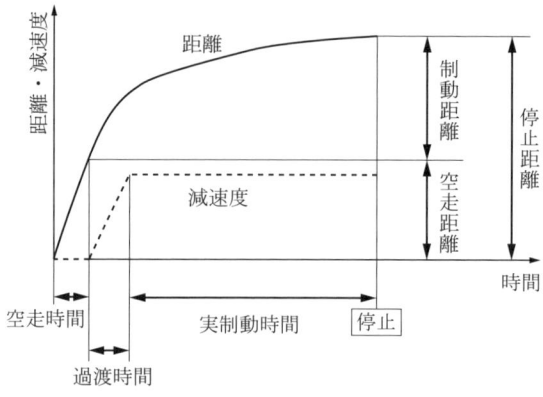

図 1.11　停止距離

●● 1.2.4　乗り心地

　一般に，大型の高級車は乗り心地が良く，スポーツカーや小型の軽自動車は乗り心地が悪いと考えられている．これは，乗り心地と操安性にトレードオフの関係があり，高級車は乗り心地を優先し，スポーツカーは操安性を優先しているためである．また，軽自動車は重量が軽いため，路面の入力に対して振動しやすい．

　車両の振動は，路面の状態や走行速度などの走行環境によって変化し，評価する人の感じ方や好き嫌いの要素も含まれるため，乗り心地を一様に評価することはむずかしい．また，シートの座り心地や姿勢，さらには視界や音など視覚や聴覚にも関係するため，画一的な評価方法は確立していない．

　乗り心地は，図 1.12 のように，Primary Ride とよばれる車体の低周波振動と，それよりも高い周波数の Secondary Ride に大別される．

　Primary Ride は，フワフワとした感じの振動で，フワフワ感（Float feel）とよばれることがある．これは，おもにサスペンションのばねによる車体振動で，1〜2 Hz

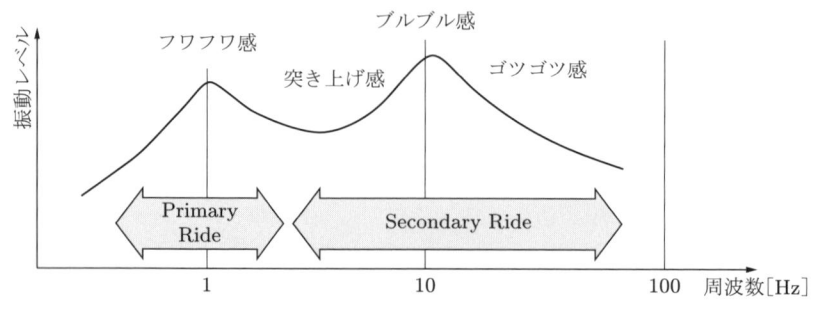

図 1.12　乗り心地特性

の振動となる．車両重量や重心位置のほか，ホイールベースなどの車両諸元やダンパーなどのサスペンション特性が関係する．

Secondary Ride は，シート，フロア，ステアリングホイール，シフトノブ，ペダルなどを介して感知される振動である．一般的な表現ではないが，4〜8 Hz は人が敏感な周波数で路面刺激として体感する突き上げ感（Shock feel），10 Hz 付近のサスペンション振動やエンジンの振動を感じるブルブル感（Tremble feel），それよりも高い周波数（20〜50 Hz）の振動は堅さを感じるゴツゴツ感（Harshness）などと表される．乗り心地は，振動レベルを下げることが重要であるが，特定の振動が目立たないように，周波数全域の振動レベルのバランスを調整することも必要である．

乗り心地のほかにも，自動車にはさまざまな振動や騒音が発生する．

代表的な振動として，アイドル振動，エンジンシェイク，シミーなどがある．アイドル振動は，エンジンが起振力となってエンジン振動がエンジンマウントを介して車体に伝達し，フロア，シート，ステアリングホイールなどを振動させる現象である．エンジンシェイクは，路面の凹凸やタイヤのアンバランスが起因となり，エンジンが振動してフロアやシートが振動する現象である．同様の原因で，ステアリングホイールが周方向に振動する場合をシミーとよぶ．

周波数が 80 Hz 以上の振動は，音として通常感知される．エンジンや吸排気系が起振源となり，車体の空洞共鳴を伴う現象をこもり音という．荒れたアスファルト路などでタイヤから発生する「ゴー」という不快な騒音がロードノイズで，タイヤの振動やタイヤ内の空気の共鳴が要因となる．エンジンの燃焼音やトランスミッションのギアの噛み合いによる騒音は高周波の音である．高速道路でドアミラー付近から「ザー」という音として聞こえる騒音がウィンドノイズで，空気の乱れによる圧力変動が原因となる（図 1.13）．

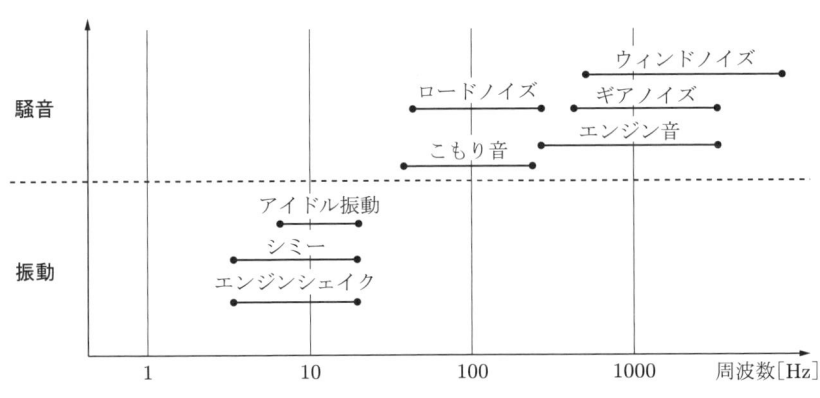

図 1.13　自動車の振動と騒音

1.3 運動学で扱う単位

「僕の体重は 60 キログラムです」と日常で話をすることがある．また，自動車のカタログには車両重量を 2000 kg と kg の単位で表示している．しかし，これらは力学の観点からは間違いで，力と質量を混同した表現になっている．

体重は重力による力なので，工学単位を適用すれば 60 kg ではなく 60 kgf（キログラムフォース）または 60 kgw（キログラム重）であり，SI 単位を適用するならば「僕の質量は 60 キログラムです」と言わなければならない．車両重量についても同様である．日常生活の中でこのような表現を用いても問題はないが，運動学を学ぶうえでは力と質量を明確に区別して扱う必要がある．

質量 2000 kg の車両に作用する重力，つまり車両重量を工学単位と SI 単位で比較して示すと，

工学単位： 2000 [kgf または kgw]

SI 単位： 2000 [kg] × 9.8 [m/s^2] = 19600 [N = kgm/s^2]

となる（図 1.14）．地球上にはたらく重力加速度 g の大きさはおよそ 9.8 [m/s^2] であり，SI 単位では力の単位として N（ニュートン）を用いる．

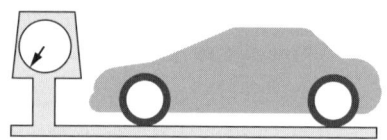

図 1.14 自動車の重量

同様に，質量を比較すると，以下のようになる．

工学単位： 2000/9.8 = 204.8 [kgfs^2/m]

SI 単位： 2000 [kg]

工学単位では重力を基本とするのに対し，SI 単位では質量を基本とする．機械力学では従来から工学単位が適用されてきたが，近年では SI 単位に統一されてきており，本書でも SI 単位を適用する．

1.3.1 SI 単位

SI 単位には基本単位と組立単位とがある．おもな SI 基本単位としては，質量 [kg] のほかに，長さ [m]，時間 [s] などがある．

組立単位は基本単位を複合したもので，力の単位としてニュートン [N = kgm/s^2] のほか，角度はラジアン [rad = m/m]，圧力や応力の単位としてパスカル [Pa = N/m^2]，エネルギーの単位としてジュール [J = Nm]，動力の単位としてワット [W = J/s]，振

表 1.1　おもな SI 組立単位

物理量	単位名称	組立単位記号	単位記号
面積	平方メートル	−	m^2
体積	立法メートル	−	m^3
角度	ラジアン	rad	無次元 (m/m)
速度	メートル／秒	−	m/s
加速度	メートル／秒^2	−	m/s^2
周波数	ヘルツ	Hz	1/s
力	ニュートン	N	kgm/s^2
エネルギー	ジュール	J	Nm
仕事率	ワット	W	J/s
圧力，応力	パスカル	Pa	N/m^2
力のモーメント	ニュートンメートル	−	Nm
角速度	ラジアン／秒	−	rad/s
角加速度	ラジアン／秒^2	−	rad/s^2

動数の単位としてヘルツ [Hz = 1/s] などがよく用いられる．表 1.1 に，機械力学でよく用いられる SI 組立単位を示す．

また，SI 単位以外に車両の運動で慣用的に用いられる単位として，以下のような例がある．

- km/h　　車両のスピードメータの表示で一般に用いる．
- kgw　　各タイヤの分担荷重などの大きさを直感的に理解したい場合に用いる．
- °，度 (deg)　　ハンドル角などラジアンではわかりにくい場合に用いる．
- g　　旋回や加減速時に発生する加速度を g で表す場合がある．
- rpm（rotation per minute）　　1 分間あたりの回転数でエンジン回転数などで用いる．

例題 1.1

(1) 時速 72 km は毎秒何 m か．
(2) 質量 60 kg の人に作用する重力はいくらか．
(3) 質量 1500 kg の車両の前輪荷重が 7840 N であった．後輪荷重はいくらか．
(4) 加速度 3.5 m/s^2 を g で示せ．
(5) 100 rad/s で回転しているエンジンの回転角速度を rpm で表せ．

解

(1)　$72 \times 1000 \div 3600 = 20$ m/s

［解説］ 時速 [km/h] から速度 [m/s] への変換は，3.6 で割ると覚えておくと便利である．

(2) 重力加速度 g は 9.8 m/s^2 であるから，次のようになる．
$$60 \times 9.8 = 588 \text{ N}$$

(3) 車両重量は $1500 \times 9.8 = 14700$ N であるから，後輪荷重は $14700 - 7840 = 6860$ N である．

［解説］ 6860 N を工学単位で表示すると 700 kgf で，質量 700 kg に相当する荷重と把握することができる．このような場合は工学単位表示のほうが理解しやすいので，計算は SI 単位で行い，検算のために工学単位を利用すると間違いが少なくなる．

(4) $3.5 \div 9.8 = 0.36 g$

［解説］ 自動車に作用する加速度は g で表現することが多い．

(5) rad/s は 1 秒あたりの回転角，rpm は 1 分間あたりの回転数であるから，
$$\frac{100 \times 60}{2\pi} = 955 \text{ rpm}$$
となる．

［解説］ rad/s→rpm への変換は，「1 秒 →1 分」，「rad/s→ 回」の変換であるから，60 倍して 2π で割ればよい．運動の式で扱う回転速さ（角速度）の単位は rad/s であるが，この単位で表した数値は，速いか遅いかわかりにくい．1 秒あたりの回転数や rpm に適宜換算して，わかりやすい数字で確認する習慣をつけよう．

単位の間違い

コンピュータや電卓は，数値計算が正確であるが，単位の間違いには気付かない．ミリメートル [mm] とすべきデータにメートル [m] で入力しても答えを算出してしまう．その結果が変だと思えばやり直せばよいが，変だと思わなければそれが正解だと勘違いする．これは試験や演習の場面だけに限ったことではなく，企業や研究所でも起こることで，単位ミスにより重大な損害を招いた事例もある．日頃から，数値には単位を明記する習慣をつけておくことが大切である．

第2章

力のつり合い

RV 車のルーフに荷物を載せると，重心位置が高くなって不安定になる．また，人が車に乗ると，サスペンションのばねが縮んで車体姿勢が変化する．このような重心位置や車体姿勢の変化は，力のつり合いから求めることができる．

2.1 力のつり合い

2.1.1 力

力は，大きさと向きをもつベクトル量である．力を F としたとき，図 2.1 に示すように $F = F_1 + F_2$ に分解することができ，F_1，F_2 を F の**分力**という．また，逆に足し合わせることができ，F は F_1，F_2 の**合力**である．力 F が作用する点を力 F の**作用点**，F を通る直線を**作用線**とよぶ．

2.1.2 力のモーメント

図 2.2 は，スパナを使ってボルトを締め付ける状態を示す．スパナを引き上げる力によってボルトに回転力を作用させる．この回転力を**力のモーメント**または**トルク**という．手で引き上げる力を F，手とボルト中心までの長さを l としたとき，ボルトにはトルク T が作用し，その大きさは以下の式で示される．

$$T = Fl \tag{2.1}$$

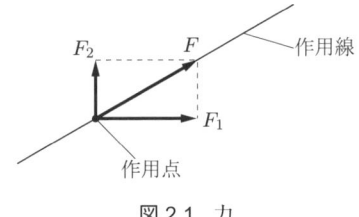

図 2.1 力

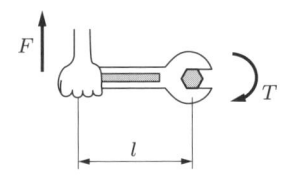

図 2.2 力とトルク

トルクは力 F と長さ l の積で，単位は Nm である．ボルトから手までの長さ l を大きくすれば，力 F が同じ大きさでも大きなトルクで締め付けることができる．

2.1.3 力および力のモーメントのつり合い

物体に作用する力および力のモーメントがつり合っていれば，物体は元の状態を保持する．つまり，つり合いのための条件は，次の二つの条件を同時に満足することである．

① 合力がゼロであること．
② 任意の点の力のモーメントがゼロであること．

図 2.3 は，質量 m_1 と m_2 の物体をそれぞれ天秤の両側にのせ，点 P を支点としてつり合い，静止した状態を示している．天秤の質量は 0 としている．点 P に作用する力を F とすれば，上下と点 P 周りの力のモーメントのつり合いから，次式が成り立つ．

$$m_1 g + m_2 g - F = 0 \tag{2.2}$$

$$l_1 m_1 g - l_2 m_2 g = 0 \tag{2.3}$$

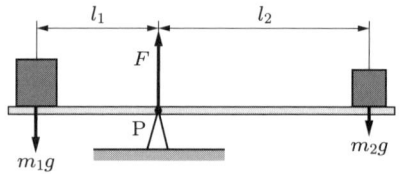

図 2.3 天秤のつり合い

式 (2.2) は，条件①の上下方向の力の合力がゼロであることを示し，二つの物体を点 P で支える力 F は二つの物体の重量に等しい．式 (2.3) は，条件②の支点を中心とした力のモーメントがゼロであることを示している．

条件②に示すように，力のモーメントは任意の点でゼロになる．たとえば，基準の点を物体 m_2 の位置としたとき，

$$(l_1 + l_2) m_1 g - l_2 F = 0 \tag{2.4}$$

となる．式 (2.2) と式 (2.4) を用いて F を消去すれば，式 (2.3) を導くことができる．つまり，物体のある点で力のモーメントがゼロであれば，ほかの任意の点でも力のモーメントはゼロである．

例題 2.1

図 2.4 のように壁にピンで結合されたバーに，質量 $m = 10$ kg の荷物が載せてある．バーを水平に保持するための力 F はいくらか．ただし，l_1, l_2 はそれぞれ 2 m, 0.5 m とし，バーの質量は無視する．

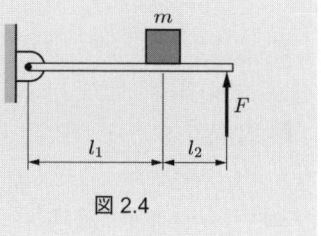

図 2.4

解
ピンには上向きの力が発生して上下方向の力はつり合うから，ここでは力のモーメントがゼロになる条件を考えればよい．

$$l_1 mg - (l_1 + l_2)F = 0$$

より，次のようになる．

$$F = \frac{l_1 mg}{l_1 + l_2} = 78.4 \text{ N}$$

●● 2.1.4 偶力

直径 l のハンドルを，両手を用いて右周りに回転する（図 2.5）．左右の手は両端の位置にあり，右手を下向きに力 F で，左手を上向きに力 F で操作する．上下方向の力は，大きさは同じで上下の方向でつり合い，ハンドルの中心 O には Fl のトルクが作用する．このように，物体に逆向きで等しい大きさの力が，異なる 2 点に作用している場合には，トルクのみが作用し，上下や左右の力は発生しない．このような力のモーメントを**偶力**という．

次に，ハンドルの別の位置 P に作用するトルク T を考える．点 P と左手までの水平距離を a，右手までの距離を b とすると，点 P を中心としたトルクは，以下の式より Fl となり，点 O 周りのトルクの式に一致する．

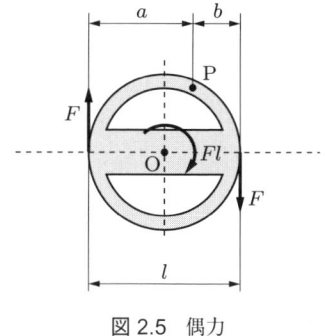

図 2.5 偶力

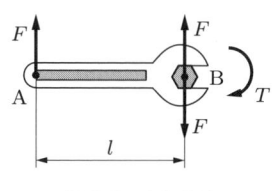

図 2.6 力と偶力

$$T = Fa + Fb = F(a+b) = Fl \tag{2.5}$$

式 (2.5) は，ハンドルに作用するトルクがハンドル内の任意の点で同じであることを示している．

偶力の考え方から，図 2.2 はスパナに偶力と上向きの力が同時に作用していると考えることができる．スパナの手の位置 A には，締め付け力 F が付加される．ボルトの位置 B には力の付加はないが，上向きの力 F と下向きの力 F が打ち消しあっていると考える（図 2.6）．上向きと下向きの力 F の大きさは等しいので，点 A に作用する力 F と点 B に作用する下向きの力 F は偶力を形成してトルク T が発生し，その大きさは Fl となる．したがって，点 B の位置には，上向きの力 F と偶力 T とが作用することになる．

例題 2.2

図 2.7 のような，半径 $r_1 = 150$ mm および $r_2 = 75$ mm の滑車がある．質量 $m = 50$ kg の荷物を引き上げるために必要なトルク T はいくらか．

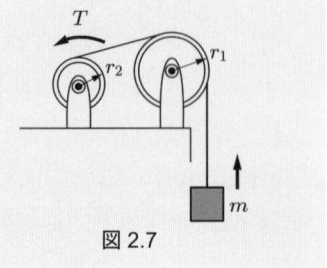

図 2.7

解
ロープの張力は一定であるから，滑車の半径 r_1 は無関係である．

$$T = r_2 mg = 36.8 \text{ Nm}$$

2.2 重心

車両は多くの部品から構成されており，すべての部品にそれぞれ重力が作用する．これらの重力の合力が車両重量で，合力の作用点が車両の**重心**（center of gravity）である．すべての車両重量は，重心に作用していると考えることができる．

2.2.1 物体の重心

質点 m_1, m_2 が，図 2.8 に示す位置に質量のないバーでつながっているとき，系の重心位置 P は重力がつくる力のモーメントのつり合いから求めることができる．重心 P の座標を (x_0, y_0) とすると，以下に示す力のモーメントのつり合いが成り立つ．

$$(m_1 + m_2)gx_0 = m_1 g x_1 + m_2 g x_2 \tag{2.6}$$

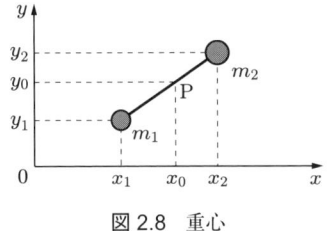

図 2.8 重心

これより,重心位置の x 座標は以下の式で表される.

$$x_0 = \frac{m_1 x_1 + m_2 x_2}{m_1 + m_2} \tag{2.7}$$

このように,重心位置は,質量と配置によって求めることができる.y 方向の重心位置も,以下の式で同様に求めることができる.

$$y_0 = \frac{m_1 y_1 + m_2 y_2}{m_1 + m_2} \tag{2.8}$$

例題 2.3

材料と板厚が同じで大きさの異なる長方形の板 A, B を図 2.9 のように組み合わせたときの,重心位置 l, h はいくらか.

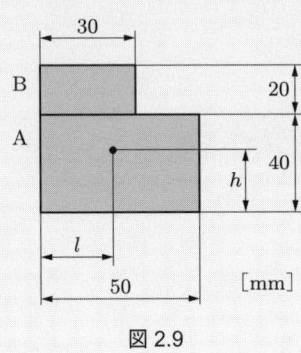

図 2.9

解

A, B の質量を m_A, m_B とすると,質量は面積に比例する.板厚を t,材料の密度を ρ とすると,

$$m_A = 50 \times 40 \times \rho \times t$$
$$m_B = 30 \times 20 \times \rho \times t$$

となる.部材の重心は長方形の中心にある.

$$l = \frac{m_A \times 25 + m_B \times 15}{m_A + m_B} = 22.7 \text{ mm}$$

$$h = \frac{m_A \times 20 + m_B \times 50}{m_A + m_B} = 26.9 \text{ mm}$$

2.2.2 車両重心の前後位置

力と力のモーメントのつり合いから車両の前後輪の荷重を測定すれば，重心の前後位置を求めることができる．図 2.10 に示すように，質量 m の車両が水平面に静止しているとする．車両重量 W は，重力加速度を g として，

$$W = mg \tag{2.9}$$

である．

前後タイヤの荷重をそれぞれ W_f, W_r, 重心位置と前後タイヤ位置との距離を l_f, l_r とすると，車両には床面から荷重反力として W_f と W_r が上向きに作用する．重心に作用する重量と力および力のモーメントのつり合いの関係より，以下の式が成り立つ．

$$W_f + W_r = W \tag{2.10}$$

$$l_f W_f - l_r W_r = 0 \tag{2.11}$$

これより，重心位置と荷重の関係は，ホイールベース l を用いて次式で示される．

$$l_f = \frac{W_r}{W} l, \qquad l_r = \frac{W_f}{W} l \tag{2.12}$$

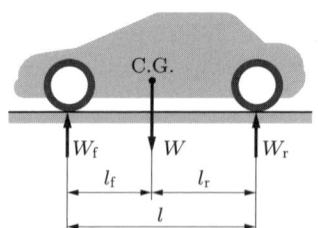

W ：車両重量
l ：ホイールベース
C.G. ：重心 (Center of Gravity)
l_f ：重心〜前輪中心距離
l_r ：重心〜後輪中心距離
W_f ：前輪荷重
W_r ：後輪荷重

図 2.10 車両重心の前後位置

例題 2.4

図 2.11 に示すトラックの空車重量は，前輪荷重 $W_f = 14700$ N，後輪荷重 $W_r = 6860$ N であった．ホイールベース l を 2.49 m として，以下の問いに答えよ．

(1) 前輪から $l_d = 2$ m の位置に質量が 500 kg の荷物を積載したとき，後輪荷重はいくら増加するか．
(2) このときの前輪から重心までの長さ l_f はいくらか．

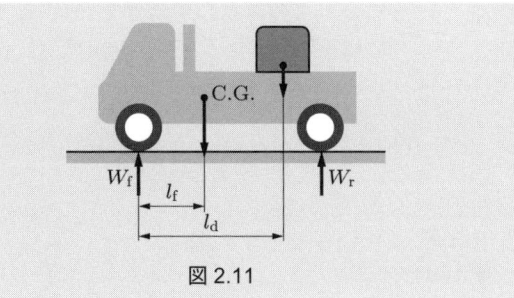

図 2.11

解

(1) 荷物の荷重を w，後輪の荷重増加分を Δw_r として，増加分について力のモーメントのつり合いを考える．

$$l_d w - l \Delta w_r = 0$$

したがって，Δw_r は次のように求められる．

$$\Delta w_r = \frac{l_d w}{l} = 3936 \text{ N}$$

(2) 荷物を載せたときの力のモーメントのつり合いから導く．

$$l_f(W_f + W_r + w) - l(W_r + \Delta w_r) = 0$$

したがって，l_f は次のように求められる．

$$l_f = \frac{W_r + \Delta w_r}{W_f + W_r + w} l = 1.02 \text{ m}$$

2.2.3 車両重心の高さ

重心の高さは，車両を傾斜させたときの荷重変化によって求める．図 2.12 に示す重量 W の車両で，接地面からの重心高さを h とし，タイヤ中心（ホイールセンター）から重心までの距離を h_c，タイヤ半径を r とする．サスペンションを治具で固定して，h_c が変化しないように図 2.13 に示す段差の上に置く．このとき，前輪荷重が増加し，後輪荷重が減少する．車両の質量は不変であるから，前輪荷重の増加分と後輪

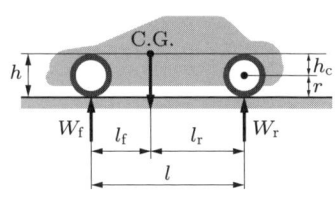

図 2.12　車両重心の上下位置

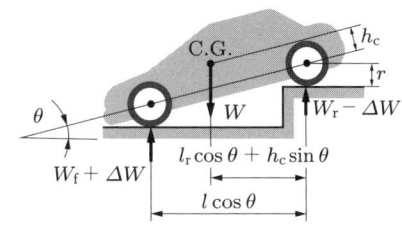

図 2.13　車両重心高さの測定

荷重の減少分の大きさは等しく，この荷重の変動分を ΔW とする．

車両の傾斜角を θ とし，後輪ホイールセンターを基準にした力のモーメントのつり合いの関係は次式となり，h_c を求めることができる．

$$(W_f + \Delta W) l \cos\theta - W(l_r \cos\theta + h_c \sin\theta) = 0 \tag{2.13}$$

整理すると，

$$h_c = \frac{l \Delta W}{W \tan\theta} \tag{2.14}$$

となり，重心高さ h は，h_c にタイヤ半径 r を加算して求められる．

$$h = h_c + r \tag{2.15}$$

例題 2.5

水平面に停止している車両の前後輪の荷重が，それぞれ $W_f = 8300$ N，$W_r = 6400$ N であった．この車両を $10°$ 傾斜させると，前輪の上下荷重が 8500 N になった．重心高さ h はいくらか．ただし，ホイールベースを $l = 2650$ mm，タイヤ半径を $r = 308$ mm とする．

解

荷重の増分を ΔW，傾斜角を θ として，式 (2.14)，(2.15) より求める．

$$h = \frac{l \Delta W}{(W_f + W_r) \tan\theta} + r = 0.51 \text{ m}$$

荷重の変動

「自動車を傾斜させると前後輪の荷重が変動する？」ピンとこない人は，自分が自動車になってみよう．傾斜に横向きで立つと，下側の足で支える体重の分担量が増える．その分，上側の足の分担量は減って軽くなる．上側の足で支えていた荷重が下側の足で支える荷重に移動したのである．そのままの足の位置でしゃがみこんでみると，下側の足の分担量が減って楽になる．これは，重心位置が低くなり，荷重変動が小さくなったためである．自動車の重心位置の測定は，この原理を用いたものである．

図 2.14

2.3 ばねと変位

車両に荷物を載せると，サスペンションのばねが縮み，車両姿勢が変化する．サスペンションは，てこ組み合わせたばねで構成されており，姿勢の変化は力のつり合いの式から導くことができる．

2.3.1 ばね

ばねに作用する力と変位の関係は，**フックの法則**として知られる．図 2.15 で，点 A に力 F を作用させたときの変位を x とすると，力と変位の関係は以下の比例式で示すことができる．

$$F = kx \tag{2.16}$$

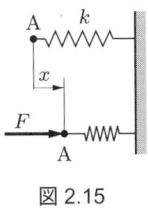

図 2.15

k は**ばね定数**とよばれ，単位は N/m で表す．ばね定数は，ばねを単位長さあたり変化させるために必要な力であり，ばね定数が大きいほど硬いばねとなる．また，ばねは，点 A に付与した力 F と反対方向に同じ大きさの力が発生し，この力を**復元力**という．

2.3.2 並列ばねと直列ばね

図 2.16 は，ばね定数がそれぞれ k_1，k_2 の二つのばねを並列に配置し，点 P に力 F を作用させた状態を示す．点 A，B の力と変位 x の関係は，それぞれ $F_1 = k_1 x$，$F_2 = k_2 x$ となるから，

$$F = F_1 + F_2 = (k_1 + k_2)x \tag{2.17}$$

となる．ここで，$k_p = k_1 + k_2$ とおくと，

$$F = k_p x \tag{2.18}$$

となり，点 C にばね定数 k_p のばねが等価的に存在すると考えることができる．このように，複数のばねを一つのばねに置き換えたばねを**等価ばね**，ばね定数を**等価ばね定数**とよび，複雑な系を簡素化して考える場合に用いられる．

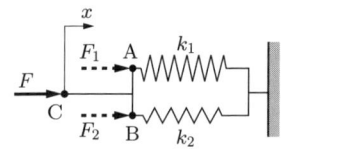

図 2.16 並列ばね

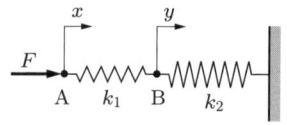

図 2.17 直列ばね

次に，二つのばね k_1, k_2 が直列に配置される場合を図 2.17 に示す．点 A，B の変位をそれぞれ x, y とすると，以下の関係が成り立つ．

$$F = k_1(x - y) \tag{2.19}$$

$$F = k_2 y \tag{2.20}$$

これより，y を消去すると，

$$F = \frac{k_1 k_2}{k_1 + k_2} x \tag{2.21}$$

となる．したがって，直列に配置された二つのばねの等価ばね定数 k_s は次式となる．

$$k_\mathrm{s} = \frac{k_1 k_2}{k_1 + k_2} \tag{2.22}$$

例題 2.6

図 2.18 に示すように，組み合わされたばねがあり，$k_a = 750$ N/m，$k_b = 300$ N/m，$k_c = 200$ N/m である．点 A の等価ばね定数 k はいくらか．

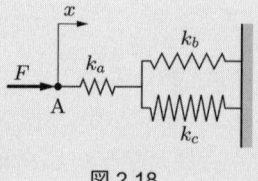

図 2.18

解

k_b と k_c からなる並列ばねの等価ばね定数を k_p とすると，

$$k_\mathrm{p} = k_b + k_c = 500 \text{ N/m}$$

となる．点 A の等価ばねは，k_a と k_p の直列ばねになる．

$$k = \frac{k_a \cdot k_\mathrm{p}}{k_a + k_\mathrm{p}} = 300 \text{ N/m}$$

2.3.3 てこと組み合わせたばね

回転自在な支点 O で支えられたバーの点 B にばねを配置し，点 A に力を作用させる場合を考える（図 2.19）．支点 O から点 A，B までの長さを l_1, l_2 とする．点 A に力 F を付与すると，バーは支点を中心に角度 θ だけ回転し，ばね k の復元力によりつり合いの状態になる．点 A，点 B の変位をそれぞれ x, y とし，角度 θ は十分小さ

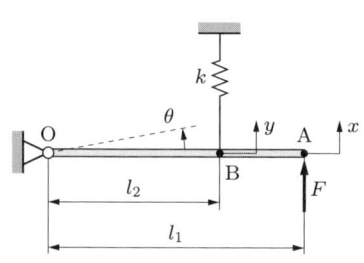
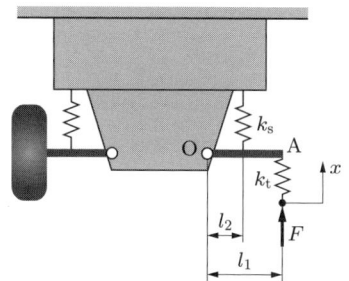

図 2.19 てこと組み合わせばね   図 2.20 サスペンションとタイヤのばね

いとすると，
$$x = l_1\theta, \quad y = l_2\theta \tag{2.23}$$
が成り立ち，点 O を中心とした力のモーメントのつり合いより，
$$Fl_1 - kyl_2 = 0 \tag{2.24}$$
となる．したがって，
$$F = \frac{kyl_2}{l_1} = k\left(\frac{l_2}{l_1}\right)^2 x \tag{2.25}$$
が成り立つ．点 A の等価ばね定数を k_0 とすると，
$$k_0 = k\left(\frac{l_2}{l_1}\right)^2 \tag{2.26}$$
が得られる．

バーの支点からの距離 l_1, l_2 を**レバー長**，l_2/l_1 のような比率での表現を**レバー比**とよぶ．てこと組み合わせばねの等価ばね定数 k_0 は，ばね定数にレバー比の 2 乗を掛けたものとなる．

図 2.20 は，車体を支持するサスペンションばねとタイヤばねの配置を模式化した図である．点 A はホイールセンター，点 O はサスペンションアームの取り付け部を示す．サスペンションばねのばね定数を k_s，タイヤのばね定数を k_t とする．サスペンションばねの取り付け位置とホイールセンターとの関係を図のように l_1, l_2 とすると，レバー比は l_2/l_1 となり，タイヤが路面に接地する地点の等価ばね定数 k は，次式となる．
$$k = \frac{k_t k_s \left(\frac{l_2}{l_1}\right)^2}{k_t + k_s \left(\frac{l_2}{l_1}\right)^2} \tag{2.27}$$

例題 2.7

図 2.21 において,ばね定数 $k = 200$ N/m,$l_1 = 0.8$ m,$l_2 = 1.6$ m のとき,点 A の等価ばね定数 k_A はいくらか.

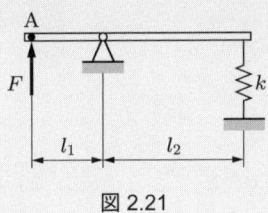

図 2.21

解
レバー比は l_2/l_1 となる.
$$k_A = k \left(\frac{l_2}{l_1}\right)^2 = 800 \text{ N/m}$$

2.3.4 車体の姿勢

静止している車両に荷重を付加すると,サスペンションやタイヤのたわみによって,車体が下がるとともに傾斜する.図 2.22 に示すように,水平面に静止した車両に前輪中心から後方 l_d の位置に質量 m_d の荷物を載せる場合を考える.フロントおよびリアのばね定数をそれぞれ k_f,k_r とし,変位を x_f,x_r とする.ただし,左右のばね定数は同じで,k_f,k_r は左右を合わせた等価ばね定数とする.

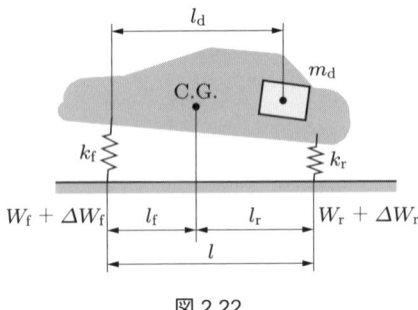

図 2.22

荷物による前後輪の荷重増加分を,それぞれ ΔW_f,ΔW_r とする.荷物を搭載する前の状態では力や力のモーメントがつり合っているから,ここでは増加分についてつり合いを考えればよい.荷物の荷重を W_d とすれば,

$$W_d = m_d g \tag{2.28}$$

であり,上下の力のつり合いは,

2.3 ばねと変位

$$\Delta W_\mathrm{f} + \Delta W_\mathrm{r} = W_\mathrm{d} \tag{2.29}$$

となる．同様に，力のモーメントのつり合いは，荷物の重量と荷重増加分とを考える．

$$l_\mathrm{d} W_\mathrm{d} - l \Delta W_\mathrm{r} = 0 \tag{2.30}$$

これより，前後輪の荷重増加分を求めることができる．

$$\Delta W_\mathrm{f} = \frac{(l - l_\mathrm{d}) W_\mathrm{d}}{l} \tag{2.31}$$

$$\Delta W_\mathrm{r} = \frac{l_\mathrm{d} W_\mathrm{d}}{l} \tag{2.32}$$

したがって，フロントとリアの変位はそれぞれ以下になる．

$$x_\mathrm{f} = \frac{(l - l_\mathrm{d}) W_\mathrm{d}}{k_\mathrm{f} l} \tag{2.33}$$

$$x_\mathrm{r} = \frac{l_\mathrm{d} W_\mathrm{d}}{k_\mathrm{r} l} \tag{2.34}$$

車両の傾斜角を θ とすると，

$$\tan\theta = \frac{x_\mathrm{r} - x_\mathrm{f}}{l} \tag{2.35}$$

が得られる．

荷物を搭載する位置によって，傾斜角 θ がゼロとなる場合がある．その位置を l_D とすると，式 (2.33)，(2.34) より次式となる．

$$l_\mathrm{D} = \frac{k_\mathrm{r}}{k_\mathrm{f} + k_\mathrm{r}} l \tag{2.36}$$

この位置に荷物を搭載しても，車体は傾斜することなく水平状態のまま変位する．このような位置を**弾性中心**という

例題 2.8

図 2.23 のように，ホイールベース $l = 2.8$ m の車両が水平面に停車している．前輪から $l_a = 2.5$ m の位置に 2 名（合計 150 kg）が乗車したときのフロントおよびリアの沈み込み量はいくらか．フロントとリアのホイールセンター位置の等価ばね定数（左右輪合計）は，それぞれ $k_\mathrm{f} = 50000$ N/m, $k_\mathrm{r} = 60000$ N/m とする．

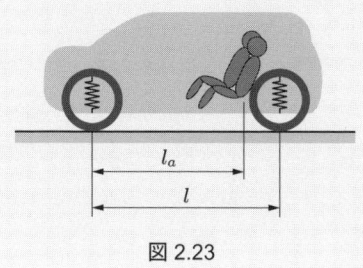

図 2.23

解

人の質量を m，前後輪の荷重増加分を ΔW_f, ΔW_r とすると，力のモーメントのつり合いより，

$$\Delta W_\mathrm{f} = \frac{(l-l_a)mg}{l} = 157.5 \text{ N}$$

$$\Delta W_\mathrm{r} = \frac{l_a mg}{l} = 1312.5 \text{ N}$$

となり，前後輪の沈み込み量を $\Delta x_\mathrm{f}, \Delta x_\mathrm{r}$ とすると，

$$\Delta x_\mathrm{f} = \frac{\Delta W_\mathrm{f}}{k_\mathrm{f}} = 3.2 \times 10^{-3} \text{ m}$$

$$\Delta x_\mathrm{r} = \frac{\Delta W_\mathrm{r}}{k_\mathrm{r}} = 21.9 \times 10^{-3} \text{ m}$$

となる．これより，フロントおよびリアの沈み込み量は，それぞれ 3 mm と 22 mm となる．

ラジアン

ラジアン [rad] と度 [°] を間違えて計算したことはないだろうか．半径 R の円の長さは $2\pi R$ で，π [rad] は $180°$ であることは知っているが，ラジアンの単位に馴染めないという学生が多い．1 rad は，図 2.24 のように，半径と同じ長さの弧がなす角で約 $57.3°$ に相当し，SI 単位では無次元 [m/m] の組立単位と定義されている．[rad] は，運動学では一般的に使われる単位なので，使いこなせるようになって欲しい．

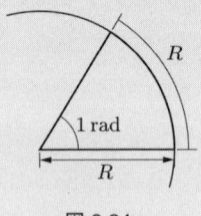

図 2.24

演習問題

2.1 質量 $m_1 = 2$ kg，$m_2 = 5$ kg，$m_3 = 5$ kg の物体が，図 2.25 のように質量のないバーで 1 辺 100 mm の正三角の頂点に配置されている．重心位置 l, h はいくらか．

2.2 質量 $m = 2000$ kg，重心高さ $h = 0.5$ m の車両がある．質量 $m_\mathrm{d} = 200$ kg の荷物を $h_\mathrm{d} = 1.5$ m の位置に載せたとき，重心高さ H はいくらか．

2.3 質量 $m=1800$ kg，重心高さ $h=0.6$ m，ホイールベース $l=2.9$ m，タイヤ半径 $r=0.32$ m の車両がある．図 2.26 の段差によって車両を角度 $\theta=5°$ 傾けたときの荷重移動 ΔW はいくらか．

図 2.25   図 2.26

2.4 壁にピンで結合されたバーに，二つのばね $k_1=2500$ N/m，$k_2=1000$ N/m が図 2.27 に示す位置 $l_1=2$ m，$l_2=1$ m に取り付けられている．二つのばねの中央 P の等価ばね定数 k_P はいくらか．

2.5 図 2.28 に示す長さ $l=2$ m バーの両端に，ばね定数 $k_1=1500$ N/m，$k_2=4500$ N/m のばねが配置されている．点 P を弾性中心とすると，距離 l_D はいくらか．

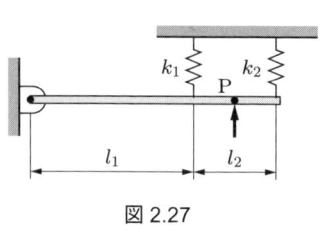 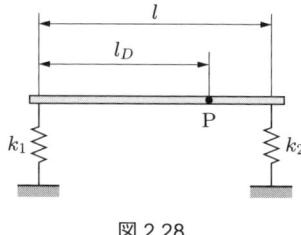

図 2.27   図 2.28

第3章

力と運動

自動車に乗っていると，さまざまな慣性力を受ける．加速すると後ろ向きに，ブレーキを踏むと前向きに押される．慣性力は，車両の加速度の向きとは逆方向にはたらき，力の大きさは加速や減速の度合いに比例する．慣性力と自分の体重とを比較して，自動車の加減速の大きさが想像できるようになろう．

3.1 運動の表現

運動を表現するために必要な要素は，変位（距離），速度，加速度である．ここでは，自動車の加速や減速の運動により，これら三つの要素の関係を明らかにして，運動の基本を理解する．

3.1.1 変位・速度・加速度

一定**速度** v で走行する自動車が，時間 t の間に走行する**変位**（距離）x は，次のようになる．

$$x = vt \tag{3.1}$$

逆に，速度 v は x/t，つまり，変位を時間で割れば求めることができる．

速度が変化する場合は，微小時間 Δt の間に微小変位 Δx だけ移動すると考え，速度は変位の時間微分であることが導かれる．

$$v = \lim_{\Delta t \to 0} \frac{\Delta x}{\Delta t} = \frac{dx}{dt} \tag{3.2}$$

これより，速度が変化する場合には，速度を時間で積分すれば変位になる．

$$x = \int_0^t v\, dt \tag{3.3}$$

速度変化の割合が**加速度**である．微小時間 Δt の間に，速度が Δv だけ変化したときの加速度を a とすると，

$$\Delta v = a \Delta t \tag{3.4}$$

となる．式 (3.4) で，$\Delta t \to 0$ の極限を考えると，加速度は速度の時間微分として示される．

速度は単位時間あたりの距離であり，単位は m/s で表現する．加速度は，単位時間あたりの速度変化であるから，(速度変化)/(時間) となり，単位は m/s^2 で表現する．

$$a = \lim_{\Delta t \to 0} \frac{\Delta v}{\Delta t} = \frac{dv}{dt} \tag{3.5}$$

また，速度は加速度の積分となり，次式で示すことができる．

$$v = \int_0^t a\, dt \tag{3.6}$$

速度および加速度は，次のような表記を用いることがある．

$$v = \frac{dx}{dt} = \dot{x} \tag{3.7}$$

$$a = \frac{dv}{dt} = \dot{v} = \ddot{x} \tag{3.8}$$

変位，速度，加速度の関係は，相互に微分と積分の関係があり，図 3.1 に示す関係で表すことができる．

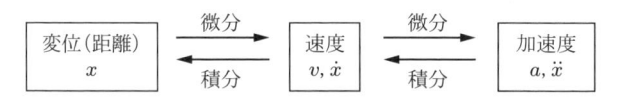

図 3.1 変位，速度，加速度の関係

例題 3.1

停止していた自動車が一定の割合で加速して，走行距離が 50 m のとき，速度 $v = 72$ km/h になった．加速度 a，時間 t はいくらか．

解

加速度は一定であるから，$v = at$ である．走行距離を x とすると，

$$x = \int_0^t v\, dt$$

であるから，

$$x = \int_0^t at\, dt = \frac{1}{2}at^2 = \frac{1}{2}vt$$

となり，以下が導かれる．

$$t = \frac{2x}{v} = 5 \text{ s}, \quad a = \frac{v}{t} = 4 \text{ m/s}^2$$

3.1.2 速度グラフ

　自動車が地点 A を出発して地点 B まで一定の割合で加速し，速度が v_0 になった．v_0 を維持したまま地点 B から地点 C まで走行した．その後，地点 C から一定の割合で減速して地点 D で停止した（図 3.2）．AB 間，BC 間，CD 間の距離をそれぞれ x_1, x_2, x_3 とし，要した時間を t_1, t_2, t_3 とする．速度と時間の関係を表示すると，図 3.3 となる．このように，縦軸を速度，横軸を時間として表示したグラフを，本書では**速度グラフ**とよぶ．自動車の運動に限らず，物体の移動を速度グラフで表現すると，距離，速度，加速度の関係が理解しやすい．

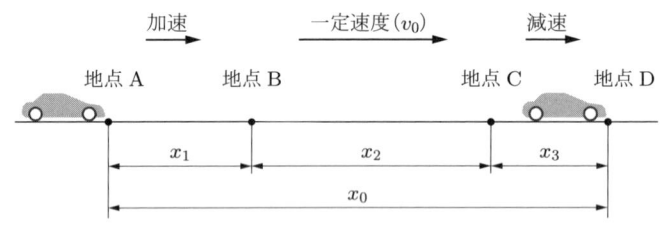

図 3.2　車両の直進運動

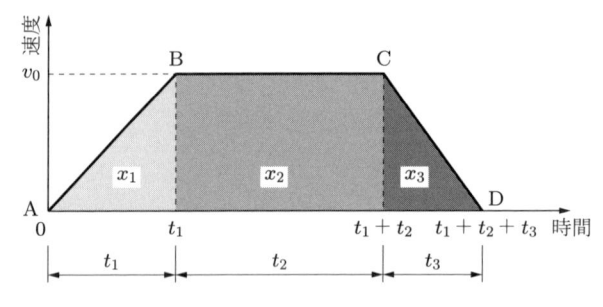

図 3.3　速度グラフ（図 3.2 の車両の直進運動）

●● 速度グラフの傾き

　再び，図 3.3 を考える．速度グラフの傾斜に着目すると，A → B は右上がり，B → C では水平，C → D は右下がりとなっている．速度グラフの傾きは，速度の変化，つまり加速度を表し，速度の微分を示す．加速度を a とおくと，グラフより以下のように加速度を導くことができる．

$$A \rightarrow B : a = \frac{v_0}{t_1} \tag{3.9}$$

$$B \rightarrow C : a = 0 \tag{3.10}$$

$$C \rightarrow D : a = \frac{v_0}{t_3} \tag{3.11}$$

C → D では傾きが負の値になり，減速度とよぶことがある．正負の記号については，厳密に表記するか省略するかは場合に応じて使い分けたい．

●● 速度グラフの面積

速度グラフで示される面積は，走行した距離に相当する．走行距離 $x_1 \sim x_3$ は，図 3.3 に示す速度グラフの面積より，以下のように求めることができる．

$$A \rightarrow B: \quad x_1 = \frac{1}{2}v_0 t_1 \tag{3.12}$$

$$B \rightarrow C: \quad x_2 = v_0 t_2 \tag{3.13}$$

$$C \rightarrow D: \quad x_3 = \frac{1}{2}v_0 t_3 \tag{3.14}$$

これらをまとめると，地点 A から地点 D までの走行距離 x_0 は，速度グラフで示す面積の総和として求めることができる．

$$x_0 = x_1 + x_2 + x_3 \tag{3.15}$$

このように，時間と速度との関係を示す速度グラフは，加速度や距離の算出が容易で理解しやすい．

例題 3.2
時速 $v = 108$ km で走行する車両がブレーキをかけて 5 秒間で停車した．等加速度運動として，減速度 a および停止するまでの距離 L を求めよ．

解
図 3.4 のように，速度グラフで表し，減速度 a はグラフの傾きの大きさ，距離 L は三角形の面積から求める．

$$a = \frac{v}{t} = 6 \text{ m/s}^2$$

$$L = \frac{1}{2}vt = 75 \text{ m}$$

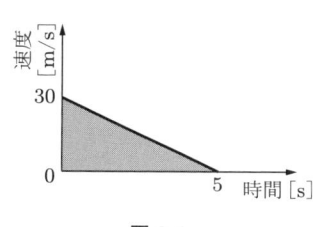

図 3.4

3.2 運動の力学

物体に力が作用すると，さまざまな運動をする．これらは運動の法則によって説明することができる．ここでは，自動車の運動の基礎となる，ニュートンの運動法則やダランベールの原理を学び，力と運動の関係を理解する．

3.2.1 ニュートンの運動法則

ニュートンの力学は，力と物体の運動の関係について三つの運動の法則として示している．

第1法則　『物体に外力が作用しないとき，静止していれば静止の状態を続け，運動していれば等速度運動を維持し続ける．**慣性の法則**ともいう．』

外力とは，物体の外部から物体に作用する力のことである．空気抵抗のない宇宙空間を，一定の速度で物体が飛行していると，その物体は同じ速度で飛行し続ける．自動車が凍った路面でブレーキを踏んでも減速しにくいのは，路面とタイヤとの摩擦力が小さい，つまり，外力が小さいため，自動車が速度を維持しようとするからである．

第2法則　『物体に外力が作用すると，外力の方向に加速度が発生する．外力は，質量と加速度の積に等しい．』

質量 m の物体に，外力 F を作用させたとき，物体には加速度 a が発生し，以下の運動の式として示される．

$$F = ma \tag{3.16}$$

力が一定であれば，質量が大きいほど加速度は小さい．また，力が作用しなければ，加速度の発生がないことも示しており，この式は第1法則を含んでいると解釈することもできる．

第3法則　『物体に外力が作用すると，大きさが等しく逆向きの力（反作用）を受ける．**作用・反作用の法則**ともいう．』

この法則は，静止した車両のタイヤが床面に及ぼす荷重と，床面からの荷重反力との関係や，ばねに与える力と復元力との関係など，静力学では既に利用した．この法則は，運動する物体にも適用することができる．走行中の車両がブレーキをかけたとき，タイヤと路面との摩擦により制動力が作用して減速するが，路面には，制動力と同じ大きさで逆向きの力が反作用として作用する．

例題 3.3
傾斜角 $\theta = 5°$ の坂を加速度 $a = 0.1g$ で登坂している質量 $m = 1500$ kg の自動車の駆動力 F はいくらか．

解
図 3.5 のように，重力加速度は，後ろ向きに $g \sin\theta$ の大きさで作用するから，駆動力 F と加速度 a との関係は以下の式となる．

$$F = ma + mg\sin\theta = 2751 \text{ N}$$

図 3.5

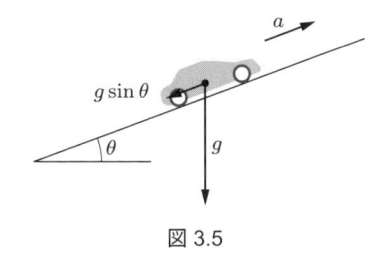

●● 3.2.2　慣性力とダランベールの原理

　自動車に乗って発進すると後ろ向きの力を受け，ブレーキを踏んで制動すると前のめりになる．これらの力は**慣性力**とよばれ，車両の加速度の大きさに比例して逆向きに作用する（図 3.6）．

図 3.6　加速度と慣性力

　外力（駆動力）F により質量 m の車両が加速度 a で加速するとき，ニュートンの運動法則に従い，式 (3.16) が成り立つことを前項でみた．

$$F = ma \tag{3.16}$$

一方，車両には，車両の加速度 a とは逆向きの力として以下に示す慣性力 U が作用する．

$$U = -ma \tag{3.17}$$

　作用反作用の法則から，慣性力は外力に対する反作用であると解釈することができる．したがって，次式のように外力 F と慣性力 U とはつり合っているとみなすことができ，これを**ダランベールの原理**とよぶ．

$$F + U = 0 \tag{3.18}$$

　この関係を用いると，動的な運動を力のつり合いとして考え，静的な問題に帰着して考えることができる．この考え方には諸説があるが，車両運動では一般的に用いられており，本書でもこの解釈を適用し，次の項で詳しく述べる．

自動車では，加速度 a の大きさを重力加速度 g を基準にして表すことが多い．日常運転での発進や減速の加速度は $0.3g$ 以下がほとんどで，急加速や急ブレーキの場合には $0.6\sim0.8g$ になる．$0.3g$ の加速度が発生しているとすれば，乗員には体重の 0.3 倍の慣性力が作用する．つまり，自分の体重と慣性力とを比較してみれば，自動車の加速度を推測することができる．

例題 3.4
質量 $m = 60$ kg の人がエレベータに乗って加速度 $a = 2$ m/s^2 で上昇するときの慣性力はいくらか．このとき，体重は何倍になると感じるか．

解
エレベータは上向きに加速するため，慣性力は下向きに作用する．
$$ma = 120 \text{ N}$$
加速度 a は $0.2g$ に相当するから，体重が 1.2 倍になるような慣性力を感じる．

3.2.3 固定座標系と移動座標系

物体の運動を表現するには座標系が必要である．座標系が異なれば，同じ運動でも運動の表現や解釈が異なる場合がある．自動車の運動では，固定座標系と移動座標系の両方が扱われる．車両運動を理解するためには，固定座標系と移動座標系の共通点と相違点を正しく理解することが重要である．

固定座標系
固定座標系は，原点や座標軸を絶対位置として地上に固定した座標系である．ラジコンカーを操縦しながら眺めている様子を想像すればよい．運動する車両の位置，速度，加速度などを車両の外から観測することができる．ニュートン力学で扱う一般的な座標系で，慣性座標系や慣性系という．

移動座標系
移動座標系は，移動する物体を座標基準とする座標系である．自動車の運動を計測する場合は，加速度センサーやジャイロなどの計測器を車内に設置する．また，ドライバーや乗員も車内で慣性力を体感する．このため，車両運動は移動座標系で扱う場合が多い．移動座標系ではダランベールの原理が適用され，非慣性系ともいう．

固定座標系と移動座標系を比較するため，質量 m の物体を車両の天井から質量を無視できるひもで吊るし，加速度 a で等加速度運動をする車両を考える．

車外から観測する固定座標系（図 3.7（a））では，車両も物体も加速度 a で進む．ひもの張力を T，物体の傾斜角を θ とすると，次式で示すように，張力による前向きの

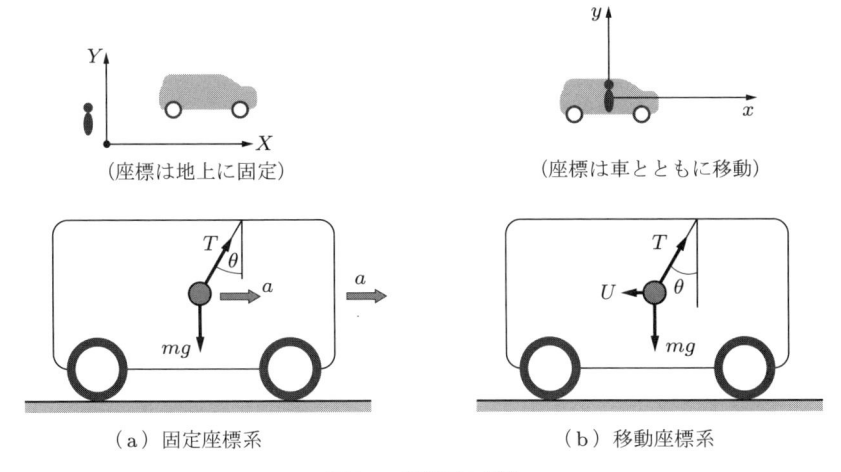

(座標は地上に固定)　　　　　　　　　(座標は車とともに移動)

(a) 固定座標系　　　　　　　　　　(b) 移動座標系

図 3.7　座標系と運動

力（$T\sin\theta$）によって物体に加速度が発生していると解釈する．

$$T\sin\theta = ma \tag{3.19}$$

一方，車内からみる移動座標系（図 3.7 (b)）では，観測者自身も車両とともに加速度運動をしているため，物体は角度 θ の状態で静止しているようにみえる．つまり，物体には慣性力 U が作用し，慣性力，張力，重力がつり合っていると観測され，前後方向の力のつり合いは次式となる

$$U - T\sin\theta = 0 \tag{3.20}$$

このように，どちらの座標系においても，ひもに吊るした物体は車両の後方に移動することは同じであるが，その解釈は異なる．

例題 3.5

図 3.8 のように，電車が加速すると，天井からひもで吊るした物体が $\theta = 10°$ 傾斜した．電車の加速度 a はいくらか．

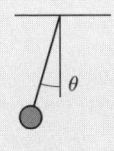

図 3.8

解

物体の質量を m，ひもの張力を T として，前後と上下の力のつり合いより求める．

$$ma = T\sin\theta, \quad mg = T\cos\theta \quad \text{より}, \quad a = g\tan\theta = 1.7 \text{ m/s}^2$$

加速度センサー

車載用加速度センサーは,車室内に据え付ける.車両とともに動くため,座標系でいえば移動座標系である.移動座標系で観測するのは,加速度ではなく慣性力であるから,加速度センサーが測定するのも慣性力である.圧電素子を用いた車載用加速度センサーは,おもりに作用する慣性力により圧電素子にひずみを発生させ,電圧変化を測定し,加速度に換算して出力する.厳密にいうと,加速度センサーというよりも慣性力センサーである.

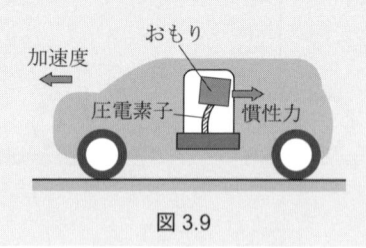

図 3.9

●● 3.2.4 外力と内力

図 3.10 のように,物体 A と物体 B とが一体の系 C を考える.系 C に外力が作用すると,系 C を構成する物体 A と B の間には作用反作用の法則に従い,大きさが同じで方向が逆の力が発生し互いに打ち消し合う.このように,系全体からみれば打ち消し合っているが,個々の構成部分には作用している力を**内力**という.

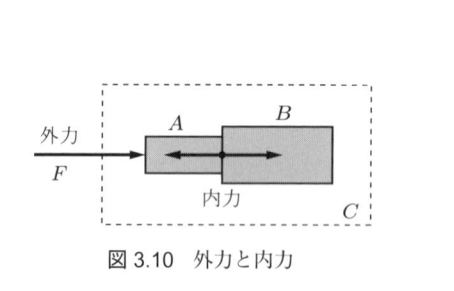

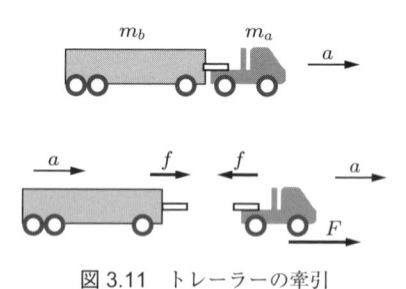

図 3.10 外力と内力

図 3.11 トレーラーの牽引

図 3.11 のように,質量 m_a の牽引車が質量 m_b のトレーラーを連結した状態で加速しているとする.牽引車の駆動力を F,加速度を a とすると,

$$F = (m_a + m_b)a \tag{3.21}$$

となる.牽引車とトレーラーとの間に作用する力を f とすると,作用・反作用の法則により,同じ大きさで方向が逆の力となり,次式の関係が成り立つ.

$$F - f = m_a a \tag{3.22}$$

$$f = m_b a \tag{3.23}$$

これより，次式が成り立つ．

$$f = \frac{m_b}{m_a + m_b} F \tag{3.24}$$

牽引車とトレーラーを一体と考えるとき，f は内力となる．内力は，自動車の内部の至る箇所で発生する．

例題 3.6

質量 $m = 2500$ kg のトラックに荷物 $M = 3000$ kg を搭載した．駆動力 $F = 15000$ N で加速するとき，荷台に発生する内力はいくらか．

解

加速度を a とすると，
$$a = \frac{F}{m + M} = 2.7 \text{ m/s}^2$$
で，内力を f とすると，次式のようになる．
$$f = Ma = 8100 \text{ N}$$

図 3.12

内力

内力を理解するため，頭を押さえ付けられている状態を想像してみよう．首，背骨，腰など，体中で力を受け止めている．床面からは，足の裏に上向きの外力が作用してつり合う．力を受けている首や背骨，腰など体の内部で発生する力が内力である．内力が過大になると，骨折などの怪我をすることがある．自動車では，ボディーやサスペンションの強度を確保するために，内力を考えた設計が重要である．

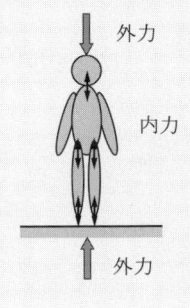

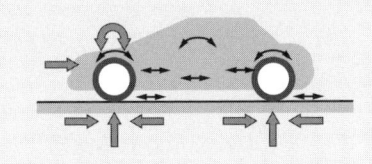

図 3.13

3.3 回転運動

回転運動は，角度，角速度，角加速度で表現する．回転運動特有の現象もあるが，直進運動と対比して考えると理解しやすい．

3.3.1 角度・角速度・角加速度

図 3.14 のような，中心 O，半径 r の円周上を点が速度 v で円運動する場合を考える．微小時間 Δt 後に $\Delta\theta$ だけ回転して P から P′ に動くとすれば，回転速度 ω は角度の時間微分として次式で示すことができる．

$$\omega = \lim_{\Delta t \to 0} \frac{\Delta\theta}{\Delta t} = \frac{d\theta}{dt} \tag{3.25}$$

ここに，ω は円運動の回転の速さで**角速度**とよび，rad/s の単位で表す．

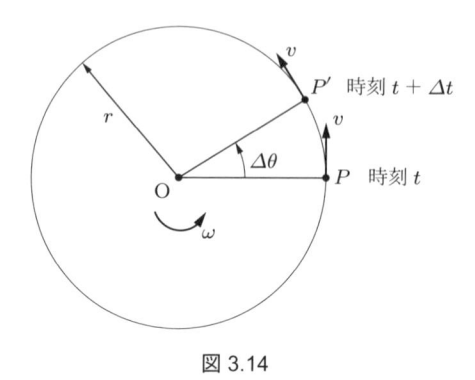

図 3.14

回転の速さを示す単位として，rpm（rotation per minute）を用いることがある．rpm は，1 分間あたりの回転数を表し，エンジン回転やタイヤの回転速度としてよく用いられる．

速度 v と角速度 ω の関係を考える．円弧の長さ PP′ を速度 v を用いて表すと，

$$\mathrm{PP}' = v\Delta t \tag{3.26}$$

である．また，半径 r と角度 $\Delta\theta$ の関係から円弧 PP′ は次式となる．

$$\mathrm{PP}' = r\Delta\theta \tag{3.27}$$

これより，速度 v は以下の式で示される．

$$v = \lim_{\Delta t \to 0} \frac{r\Delta\theta}{\Delta t} = r\omega \tag{3.28}$$

次に，角速度が時間とともに変化する場合を考える．時刻 t での角速度 ω が微小時間 Δt 後に $\Delta\omega$ だけ変化したとすれば，角速度の変化を次式で示すことができる．

$$\alpha = \lim_{\Delta t \to 0} \frac{\Delta \omega}{\Delta t} = \frac{d\omega}{dt} \tag{3.29}$$

α を**角加速度**とよび，単位は rad/s^2 となる．

角速度および角加速度は，速度や加速度と同様に次のような表記を用いることがある．

$$\omega = \frac{d\theta}{dt} = \dot{\theta} \tag{3.30}$$

$$\alpha = \frac{d\omega}{dt} = \dot{\omega} = \ddot{\theta} \tag{3.31}$$

このように，回転運動は直進運動と同様に考えることができ，角度，角速度，角加速度の関係は図 3.15 で示すことができる．

図 3.15 角度，角速度，角加速度の関係

例題 3.7

エンジンを停止状態から始動し，一定の割合で回転数を増大すると，5 秒間で 3600 rpm になった．エンジンは 5 秒間で何回転したか．

解

3600 rpm は 60 回転/s で，図 3.16 のように速度グラフで表現すると，5 秒間での回転数は三角形の面積となる．したがって，150 回転となる．

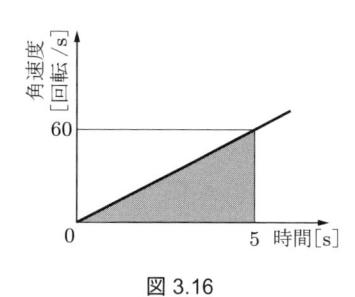

図 3.16

例題 3.8

自動車が速度 $v = 72 \text{ km/h}$ で走行している．タイヤの半径を $r = 0.32 \text{ m}$ とすると，タイヤの回転角速度 ω はいくらか．また，回転数 N [rpm] はいくらか．

解

速度と角速度の関係より，
$$\omega = \frac{v}{r} = 62.5 \text{ rad/s}$$

となる．rpm に換算すると，次のようになる．

$$N = \frac{60\omega}{2\pi} = 597 \text{ rpm}$$

3.3.2 向心力と遠心力

直線運動と同様に，回転の運動も外から観測する固定座標系（慣性系）と移動座標系（非慣性系）とでは，運動の表現が同じ場合と異なる場合がある．

固定座標系

質量のないロープに質点 m がつながれて，点 O を中心に一定速度 v，角速度 ω で旋回運動する場合を固定座標系で考える（図 3.17）．質点が，点 A から点 A′ までの短い距離を微小時間 Δt で移動したとする．この間に，速度 v の大きさは変化しないが，速度の方向は変化する．速度の変化を Δv，角度の変化を $\Delta \theta$ とすれば，加速度 a は次式で求められる．

$$a = \lim_{\Delta t \to 0} \frac{\Delta v}{\Delta t} = \lim_{\Delta t \to 0} \frac{v \Delta \theta}{\Delta t} = v\omega \tag{3.32}$$

旋回半径を R とすると，加速度 a は $v = R\omega$ の関係を用いて，以下のように表現することもできる．

$$a = R\omega^2 = \frac{v^2}{R} \tag{3.33}$$

加速度 a を**向心加速度**とよび，旋回中心 O の方向に向かっている．旋回中心 O の方向に質点 m を引く力として作用するロープの力 F を**向心力**という．慣性系では，

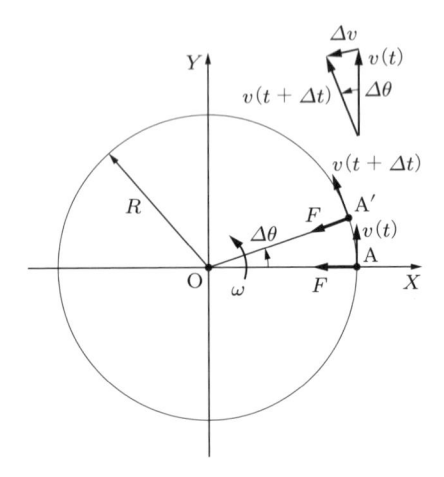

図 3.17　固定座標系の旋回運動

ニュートンの運動法則が成り立ち，向心力 F と向心加速度 a は以下の関係で示される．

$$F = ma = mv\omega \tag{3.34}$$

移動座標系

移動座標系では，質点 m とともに座標系が移動し，ダランベールの原理が適用される（図 3.18）．定常円旋回で観測する慣性力は**遠心力**である．遠心力を U とすると，固定座標系における向心加速度 a とは以下の関係となる．

$$U = -ma = -mv\omega \tag{3.35}$$

また，移動座標系では，遠心力 U と向心力 F はつり合いの式で表現することができる．

$$F + U = 0 \tag{3.36}$$

物体とともに移動する乗員にも，(自分の質量) × (向心加速度) の大きさで，向心加速度とは反対方向の遠心力が作用することになる．

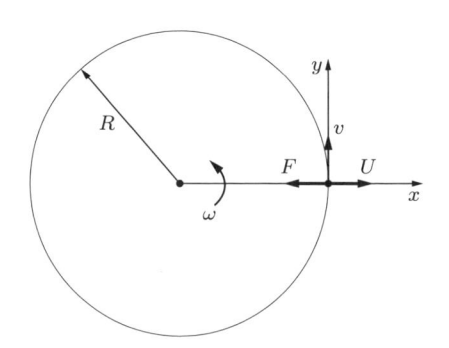

図 3.18 移動座標系の旋回運動

例題 3.9

自動車が半径 $R = 100$ m の円周上を速度 $v = 72$ km/h で走行している．向心加速度を g で表せ．また，質量 $m = 70$ kg の乗員に作用する遠心力 U はいくらか．

解

向心加速度を a とおくと，速度と半径の関係より次のようになる．

$$a = \frac{v^2}{R} = 4 \text{ m/s}^2$$

g で表現すると $0.41g$ であり，また，遠心力は $U = ma = 280$ N となる．

●● 3.3.3 慣性モーメント

ニュートンの運動法則で示される力と加速度の関係は，回転体にも適用することができる．図 3.19 に示すコマにトルク T を作用させると，角加速度 α が発生して回転数が増大し，トルクを開放すると，回転軸を中心にほぼ一定の角速度で回転を続ける．トルク T と角加速度 α との関係は，以下で示される．

$$T = I\alpha \tag{3.37}$$

ここに，I を**慣性モーメント**，コマの回転軸を**慣性主軸**という．慣性モーメントは，図 3.20 を用いて以下のように導くことができる．質量 m の物体が，質量を無視できる長さ l の棒でつながれている．棒の他端は回転が自由なピン O で天井に結合されている．物体に力 F を作用させると，ニュートンの運動法則より $F = ma$ が成り立つ．

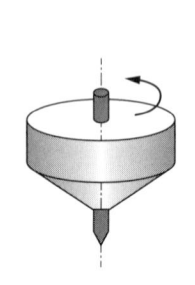

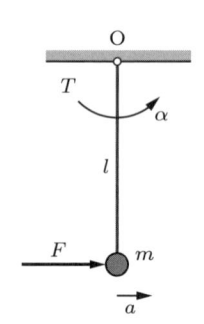

図 3.19　コマの回転　　　　図 3.20　慣性モーメント

トルク T と力 F，および加速度 a と回転角加速度 α との関係は以下のとおりになる．

$$F = \frac{T}{l} \tag{3.38}$$

$$a = l\alpha \tag{3.39}$$

したがって，

$$T = ml^2\alpha \tag{3.40}$$

の関係が成立する．ここに，

$$I = ml^2 \tag{3.41}$$

とおいたとき，I は慣性モーメントで，単位は kgm^2 で表す．慣性モーメントは質量に長さの 2 乗を掛けたもので，質量が同じでも回転中心からの距離によって大きさが異なる．

また，直進運動と回転運動を対比して示すと，以下のようになる．

$$F = ma \quad \Leftrightarrow \quad T = I\alpha$$
力 F $\quad \Leftrightarrow \quad$ トルク T
質量 m $\quad \Leftrightarrow \quad$ 慣性モーメント I
加速度 a $\quad \Leftrightarrow \quad$ 角加速度 α

例題 3.10
質量 $m = 20$ kg の物体が図 3.21 のように配置されている．$l = 0.5$ m として，図 3.21 (a), (b) の慣性主軸周りの慣性モーメント I_a, I_b をそれぞれ求めよ．

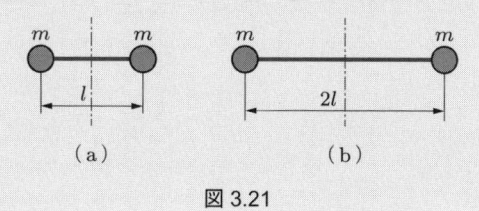

図 3.21

解
質量と慣性主軸の距離から求める．
$$I_a = 2m\left(\frac{l}{2}\right)^2 = 2.5 \text{ kgm}^2$$
$$I_b = 2ml^2 = 10 \text{ kgm}^2$$

角速度

角速度には，さまざまな表現方法がある．回転/s，rpm，rad/s などがあり，単位が違うがすべて角速度である．1 分間に 60 回転している物体の角速度は，60 [回転/min]，60 [rpm]，1 [回転/s]，2π [rad/s] で表される．力学では，rad/s が使われるので少し難しい感じがするが，換算して考えれば簡単である．

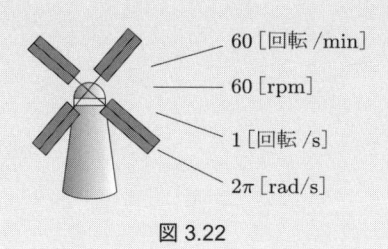

図 3.22

演習問題

3.1 速度 $v = 72$ km/h で走行する車両がブレーキをかけて，一定の慣性力が作用し，3秒後に停止した．減速を始めてから停止するまでに走行した距離 L はいくらか．

3.2 速度 $v = 90$ km/h で走行している車両が一定の割合で減速し，10秒後に停止した．質量 $m = 60$ kg のドライバーが受ける慣性力 U はいくらか．また，体重の何倍の慣性力を感じるか．

3.3 車両が2台のトレーラーを牽引している．牽引車両の質量を $m_0 = 1500$ kg とし，トレーラーの質量を，それぞれ図 3.23 のように，$m_1 = 1200$ kg，$m_2 = 1000$ kg とする．加速度が $a = 0.2g$ のとき，連結部に作用する力 f_1, f_2 はいくらか．

3.4 慣性モーメント $I = 20$ kgm^2 の円盤が 1200 rpm で回転している．一定のトルクを作用させて20秒で停止させるにはいくらの制動トルク T が必要か．

3.5 自動車が毎時 $v = 54$ km/h で半径 $R = 100$ m の円周上を等速運動走行しているときの旋回角速度 ω はいくらか．また，向心加速度 a を g の単位で表せ．

3.6 自動車が半径 $R = 150$ m，傾斜角 $\theta = 20°$ のバンクを舵角ゼロで走行できる速度 [km/h] はいくらか（図 3.24）．

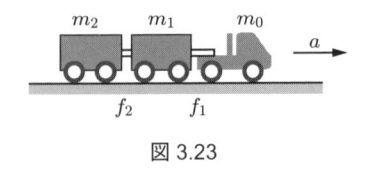

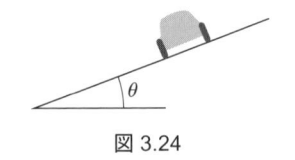

図 3.23

図 3.24

第4章

タイヤの摩擦力

氷や雪の道路ではタイヤが滑る．雪道でスタックして焦ってアクセルペダルを踏み込み，タイヤがますます空転して，状況がさらに悪化したという経験はないだろうか．タイヤと路面の摩擦を理解すれば，スタックから上手に抜け出せるかもしれない．

4.1 摩擦力

滑らかな床面に置いた荷物は小さな力で滑らせることができるが，アスファルト路のような粗い面では大きな力が必要になる．これらの違いは摩擦力が関係する．

質量 m の物体が水平な床面に静止しているとする．物体と床面との間には摩擦があり，床面に水平な力 F を物体に作用させても，F が小さいと摩擦力が作用して物体は静止したまま動かない．この力を**静摩擦力**という．この状態では，摩擦力が F と同じ大きさで反対方向に作用している．

物体に加える力 F を大きくしていくと，物体が滑り始める．滑り始める直前に摩擦力は最大となり，これを**最大静摩擦力**という（図 4.1）．最大静摩擦力 F_s は物体の摩擦面の大きさには無関係で，物体が床面から受ける**抗力** N に比例する．抗力とは，物体が床面に及ぼす力に対する床面に垂直な反力である．このような摩擦を**クーロン摩擦**とよび，以下の式で表現する．

$$F_s = \mu_s N = \mu_s mg \tag{4.1}$$

μ_s を**静摩擦係数**とよび，物体と床面の接触面の特性によって決まる．

摩擦のある斜面に質量 m の物体が静止する場合を考える（図 4.2）．傾斜角 θ は滑り始めの極限の状態とする．抗力 N の大きさは $mg\cos\theta$ となるから，物体と斜面との静摩擦係数を μ_s とすると以下の関係となる．

$$mg\sin\theta = \mu_s mg\cos\theta \tag{4.2}$$

整理すると，

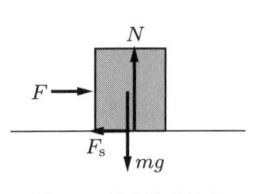

図 4.1　最大静摩擦力　　　　　　　図 4.2　摩擦角

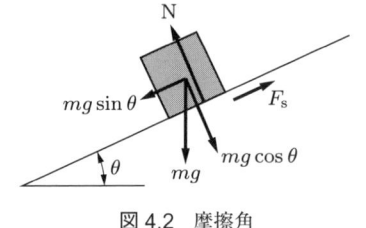

$$\mu_s = \tan\theta \tag{4.3}$$

となる．このような，滑り始める限界の傾斜角 θ を**摩擦角**という．

次に，物体が平面を滑るときの摩擦力を考える．重い家具を床に置いたままの状態で押して動かそうとするとき，止まっているときには大きな力が必要であるが，いったん動き始めると動きやすくなる．動いている場合の摩擦力を**動摩擦力**とよび，動摩擦力は静摩擦力よりも小さい．動摩擦力を F_d，**動摩擦係数**を μ_d としたとき，以下の関係がある．

$$F_d = \mu_d N \tag{4.4}$$

静摩擦力と動摩擦力との関係は，作用力を横軸にすると図 4.3 に示すことができる．実際には，静摩擦係数 μ_s は動摩擦係数 μ_d よりも大きいが，簡素化して同一の**摩擦係数**として扱う場合が多い．

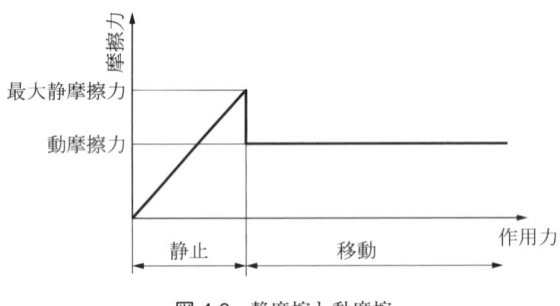

図 4.3　静摩擦と動摩擦

例題 4.1

水平な机の面に質量 $m = 10$ kg の荷物が置いてある．水平方向に力 $F = 30$ N で押すと動き始めた．机を傾斜させるときに滑り始める傾斜角 θ はいくらか．

解
静摩擦係数を μ_s とすると，

$$\mu_\mathrm{s} = \frac{F}{mg} = 0.31$$

となる．静摩擦係数と摩擦角との関係より，$\theta = \tan^{-1}(\mu_\mathrm{s}) = 17.2°$ となる．

例題 4.2
毎秒 10 m の速度で水平面を滑っている物体が 5 秒間で静止した．動摩擦係数 μ_d はいくらか．

解
減速度を a とすると，$a = 2 \mathrm{~m/s^2}$．物体の質量を m とすると，$\mu_\mathrm{d} mg = ma$ より，以下のようになる．

$$\mu_\mathrm{d} = \frac{a}{g} = 0.20$$

4.2 タイヤの前後力

駆動力や制動力は，タイヤと路面との摩擦によって発生する．円柱が転がりながら進むことを転動とよぶ．タイヤは転動しながら移動するため，摩擦力はタイヤと路面が接する面の相対速度を考える必要がある．

4.2.1 タイヤの転動

半径 r の円柱が平面を滑ることなく角度 θ だけ転動し，距離 x 移動した．円周上の点 A が平面に接している状態から点 B が平面に接するまで転動したとすれば，進んだ距離 x は円弧 AB の長さに等しく，次式で示すことができる（図 4.4）．

$$x = r\theta \tag{4.5}$$

一定の回転角速度 ω で，滑ることなく転動しているタイヤの走行速度 v を求める（図 4.5）．微小時間 Δt 後に $\Delta \theta$ だけ回転して長さ Δx 進むとすれば，タイヤの走行速

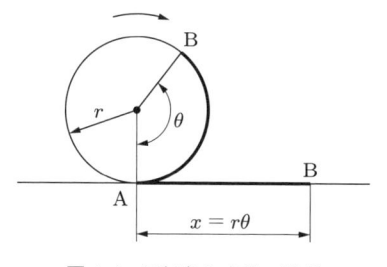

図 4.4　回転角と変位の関係

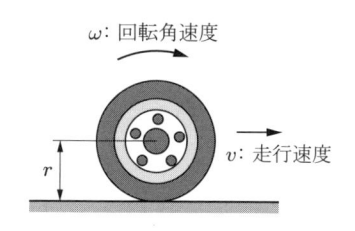

図 4.5　タイヤの回転速度と走行速度

度 v は以下の式で示すことができる．

$$v = \lim_{\Delta t \to 0} \frac{\Delta x}{\Delta t} = \lim_{\Delta t \to 0} \frac{r\Delta\theta}{\Delta t} = r\omega \tag{4.6}$$

この式は，車両が一定の速度で走行してタイヤと路面がスリップしない状態の関係である．

4.2.2 加減速とスリップ比

車両が加速や減速をする場合は，タイヤと路面との間にスリップが発生するため，式 (4.6) は成立せず，以下に示す関係になる．

加速

車両を加速させる場合は，タイヤ回転を増大させて駆動力を発生させる．このとき，r をタイヤの半径とし，タイヤの角速度 ω と走行速度 v との関係は次式となる．

$$v < r\omega \tag{4.7}$$

この関係を以下のように無次元化して表記し，s をタイヤの**スリップ比**という．

$$s = \frac{v - r\omega}{r\omega} \tag{4.8}$$

加速でのスリップ比と摩擦係数の関係を図 4.6 の左半分に示す．加速のスリップ比 s は，$0 \sim -1$ の値となる．スリップ比 $0 \sim -0.1$ では摩擦係数とほぼ比例の関係になり，加速は，この範囲内で通常行われている．$-0.1 \sim -0.2$ のときに摩擦係数が最大になる．スリップ比が -1 のときは，車両が動かないにもかかわらず，タイヤが空転するというホイールスピンとよばれる現象が起きている状態を示す．

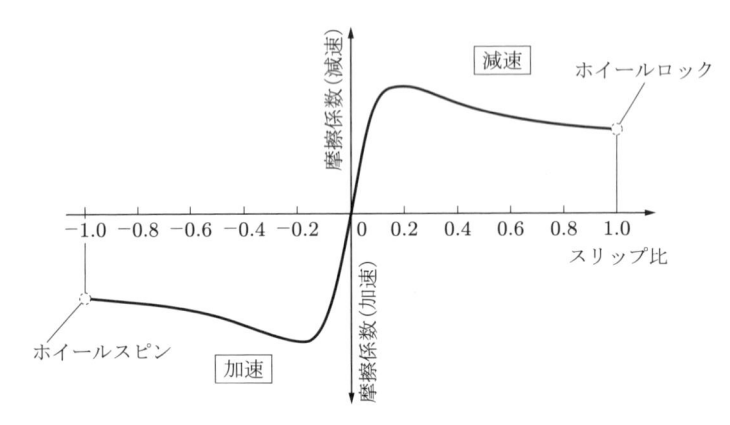

図 4.6 スリップ比と摩擦係数の関係

減速

減速では，タイヤ回転を減少して制動力（ブレーキ力）を発生する．減速でのタイヤ回転角速度 ω と走行速度 v との関係は次式となる．

$$v > r\omega \tag{4.9}$$

減速のスリップ比 s は，加速と異なり以下の式で表す．

$$s = \frac{v - r\omega}{v} \tag{4.10}$$

減速でのスリップ比と摩擦係数の関係を図 4.6 の右半分に示す．減速のスリップ比 s は，0〜1 の値となる．加速と同様に，スリップ比が 0〜0.1 付近までは摩擦係数にほぼ比例し，0.1〜0.2 で摩擦係数が最大となる．スリップ比が 1 の場合はタイヤが無回転のまま車両が進んでいる状態で，この状態をホイールロックという．

タイヤのスリップ比は，加速と減速とで表現が異なる．これらを整理して表 4.1 で表す．図 4.7 は，路面の違いによる摩擦係数の差を示す．氷や雪，雨によって路面と

表 4.1 走行状態とタイヤのスリップ比

走行状態	加速	定速	減速
	$v < r\omega$	$v = r\omega$	$v > r\omega$
スリップ比	$s = \dfrac{v - r\omega}{r\omega}$	$s = 0$	$s = \dfrac{v - r\omega}{v}$

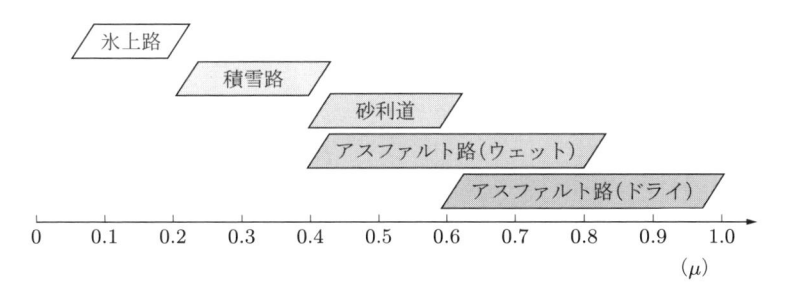

図 4.7 路面とタイヤの摩擦係数

タイヤとの摩擦係数は変化し，氷上での摩擦係数はアスファルト路の 1/10 以下になることもある．摩擦係数が低い路面で駆動力や制動力を得るためには，ホイールスピンやホイールロックを避けて，摩擦係数が最大になるようにタイヤのスリップ比を保持することが必要である．

> **例題 4.3**
> 速度 $v = 90$ km/h で走行する車両がブレーキをかけて減速している．スリップ比が 0.1 のとき，タイヤの回転数 N [rpm] はいくらか．タイヤ半径は $r = 0.3$ m とする．

解
タイヤの回転角速度を ω とすると，以下がわかる．
$$\omega = \frac{v(1-s)}{r} = 75 \text{ rad/s}, \quad N = \omega \times \frac{60}{2\pi} = 717 \text{ rpm}$$

4.3 タイヤの横力

タイヤを転舵したり傾斜させると，摩擦による横力が発生する．また，旋回しながら制動する場合など，タイヤの横力は前後力とも関係がある．

4.3.1 コーナリングフォース

図 4.8 (a) は，直進しながら転動するタイヤを上方からみた図である．直進走行中にタイヤを右向きに転舵した状態を図 (b) に示す．転舵した状態では，タイヤの向きと車両の進行方向とは一致せず，接地面でねじれながら横滑りの状態でタイヤは変形し，タイヤと路面との間に横向きの力が発生する．この力により，車両は方向を変えることができる．進行方向とタイヤの向きの角度を**タイヤスリップ角**（横滑り角）とよび，横滑りにより発生する横力を**コーナリングフォース**という．

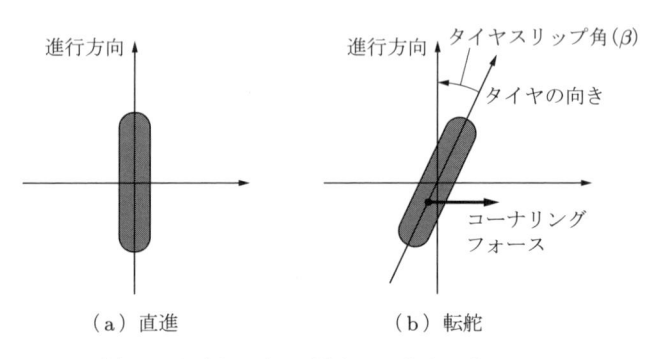

図 4.8　タイヤスリップ角とコーナリングフォース

コーナリングフォースを F, タイヤスリップ角を β とすると, β が比較的小さい領域では次式が成り立つ.

$$F = K\beta \tag{4.11}$$

ここに, K は**コーナリングパワー**（または**コーナリングスティフネス**）で, タイヤの特性や路面状況により変化する. タイヤスリップ角とコーナリングフォースとの関係を図 4.9 に示す. タイヤスリップ角が一定の大きさ以上になると, コーナリングフォースは次第に低下し, 限界がある. また, コーナリングフォースは接地荷重にも依存し, 通常は接地荷重が大きいほどコーナリングフォースも大きくなる.

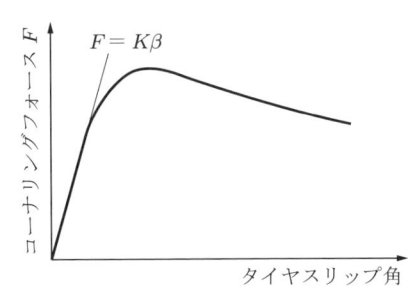

図 4.9 タイヤのコーナリングフォース

4.3.2 セルフアライニングトルク (SAT)

自転車は, 運転をしやすくするために**キャスター角**が設定してある（図 4.10）. キャスター角とは, ハンドルと前輪中心を結合するフォークの傾きのことで, これを路面に延長した点と横力が作用する点との長さを**トレール**という. 横力とトレールの積が力のモーメントとなって, ハンドルを元に戻す復元力となる. 自転車を手放しで運転して直進できるのはこの復元力によるものである. 台車やイスのキャスターにも, 直進性を保つためにトレールが設けられている（図 4.11）.

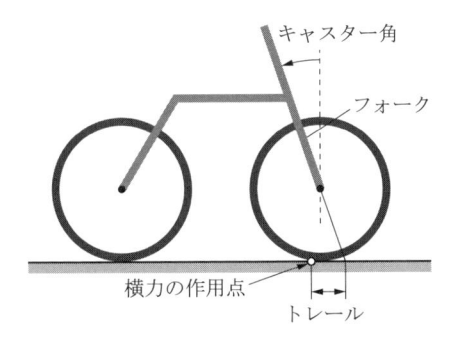

図 4.10 自転車のタイヤ

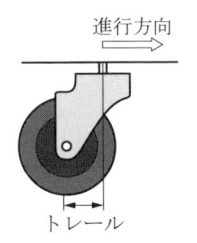

図 4.11 キャスター

自動車の前輪タイヤにも，自転車と同様なキャスター角が設定されている．自動車では，操舵したときにタイヤが転舵する中心軸をキングピン軸とよぶ（図 4.12）．サスペンションやステアリングは，荷重変化や操舵により幾何学的関係を保って変化し，これをジオメトリとよぶ．キングピン軸は物として実在する軸ではなく，幾何学的に算出される中心軸である．キングピン軸の路面接地点からタイヤ中心までの水平長さを，キャスタートレールという．また，コーナリングフォースの作用点は，タイヤの路面接地点から後方にある．この作用点からタイヤ中心までの水平長さをニューマチックトレールとよぶ．ニューマチックトレールとキャスタートレールの和がトレールとなる．

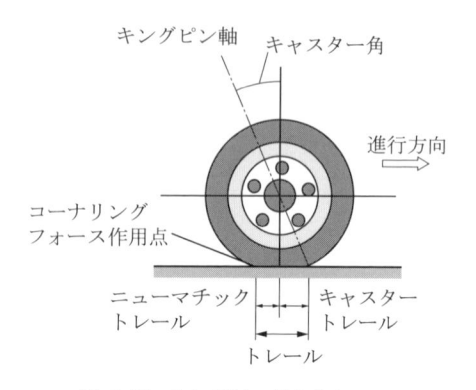

図 4.12 キングピン軸とトレール

コーナリングフォースとトレールの積は，自転車の場合と同様にハンドルを，元に戻す復元トルクとして作用する．運転中にコーナーの出口でハンドルを握る手を緩めると，自然にハンドルが戻り直進できるようになるのは，この復元トルクによる．このトルクを**セルフアライニングトルク**（SAT）とよぶ．セルフアライニングトルク T は，タイヤのコーナリングフォース F とトレール ξ の積として次式で表される．

$$T = F\xi \tag{4.12}$$

4.3.3 キャンバースラスト

車両を正面からみたときのタイヤと地面の接地角を**キャンバー角**という．図 4.13 に示すように外側に傾いている状態をポジティブキャンバー，内側に傾いている状態をネガティブキャンバーとよぶ．タイヤにキャンバー角を与えると傾斜させる方向に横力が発生し，この力を**キャンバースラスト**とよぶ．

オートバイはハンドルを直進のまま保持し，車体を傾斜して旋回することができる（図 4.14）．これは，キャンバースラストを利用している．走行中の車両には，路面の

4.3 タイヤの横力 53

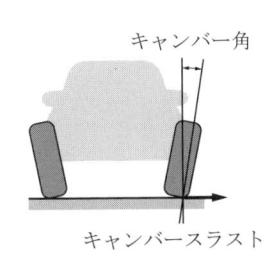

図 4.13 キャンバースラスト

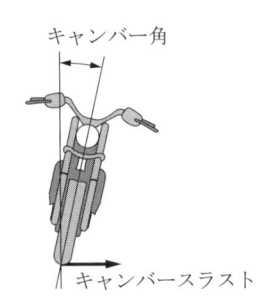

図 4.14 オートバイのコーナリング

凹凸や車体の姿勢変化により，キャンバーが変化する．キャンバースラストは車両の操縦性や安定性に影響するため，サスペンションのリンク配置や構造は，キャンバー変化を考慮された設計になっている．

4.3.4 制駆動時のコーナリングフォース

制動力や駆動力によるタイヤのスリップ比は，コーナリングフォースに関係する．図 4.15 はタイヤスリップ角（横滑り角）を一定としたときのスリップ比とコーナリングフォースとの関係を示したグラフで，タイヤのスリップ比の絶対値が大きくなるとコーナリングフォースが発生しにくいことを示している．

制動力，駆動力，コーナリングフォースの関係は，図 4.16 のタイヤの摩擦円として示すことができる．横軸 F_x はコーナリングフォース，縦軸 F_y は駆動力と制動力を示す．タイヤが発生することのできる力は図の円の内側に限られる．たとえば，点 A は制動しながら右旋回，点 B は一定速度で左旋回している状態である．点 C は，駆動しながら右旋回している状態で，タイヤ性能は限界値になっているため，ブレーキペダルやステアリングを操作しても，摩擦円の外側の力を出すことはできない．

タイヤと路面との摩擦係数を μ，タイヤ荷重を W とすると，タイヤの摩擦円は次

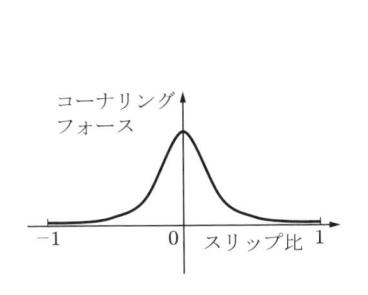

図 4.15 スリップ比とコーナリングフォースの関係

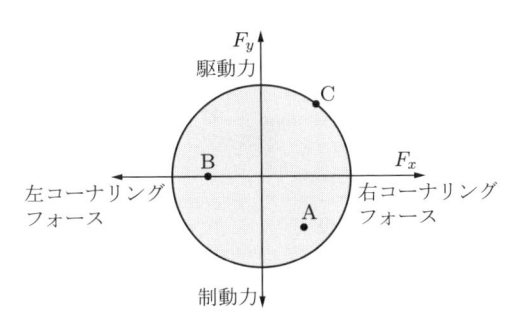

図 4.16 タイヤの摩擦円

式で示すことができる．

$$F_x{}^2 + F_y{}^2 \leq (\mu W)^2 \tag{4.13}$$

実際のタイヤの摩擦円は，タイヤ特性や荷重，路面の状態などが複雑に関係するため，円形状ではあるが，さまざまに変化した複雑な形状として表される．

摩擦力と接触面積

摩擦力は摩擦係数と抗力で決まる．一見すると，接触面積が小さいほうが摩擦力も小さく感じられるが，実は接触面積の大きさは摩擦力と関係ない．自動車のブレーキの効きをよくするために，ソリのような物体を車体から路面に押し付けて短い距離で停止する装置を提案した学生がいたが，残念ながら力学的に停止距離は短くならない．停止距離を短くするためには，空気抵抗を大きくするなど，ほかの工夫が必要である．

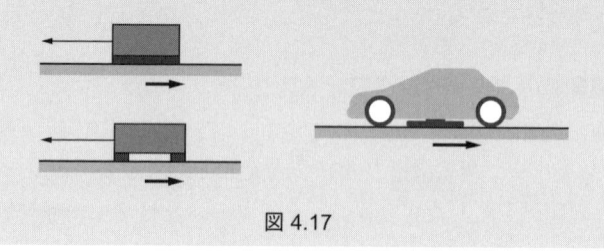

図 4.17

演習問題

4.1 物体を板に置いて徐々に傾斜させると，$\theta = 35°$ で滑り始めた．物体と板との摩擦係数 μ_s はいくらか．

4.2 傾き $\theta = 30°$，摩擦係数 $\mu = 0.3$ の斜面で質量 $m = 5$ kg の物体を斜面に沿って引き上げるために必要な力 F はいくらか（図 4.18）．

4.3 水平円板の回転軸から $l = 0.2$ m の距離に物体がある．徐々に回転を増大させると，何回転 [rpm] で物体が滑り始めるか．摩擦係数を $\mu = 0.8$ とする（図 4.19）．

図 4.18 　　　　　　　　　図 4.19

4.4 半径 $r = 330$ mm のタイヤが，回転数 $N = 600$ rpm，スリップ比 0.1 のとき，車両速度 v はいくらか．

第5章

運動とエネルギー

運動の状態を，運動量や運動エネルギーで表すことがある．いずれも物体の勢いを表す量で，17世紀にはどちらにすべきかの大論争があったが，決着がつかないまま現在に至っている．これらの概念を用いて，自動車の走行や衝突を考えてみよう．

5.1 力学的エネルギー

力を加えて物体を移動させることを，**仕事をする**という．物体が仕事をする能力を**エネルギー**とよび，さまざまな形態がある．本節では，仕事の原理やエネルギーの法則などを学び，運動および衝突との関係を理解する．

●● 5.1.1 仕事とエネルギー

図 5.1 のように，車両に，力 F を作用させて力 F の方向に距離 L だけ移動させるとき，力は車両に対して仕事をするという．仕事 W は以下で表される．

$$W = FL \tag{5.1}$$

仕事は，「力×変位」であるので単位は Nm となるが，SI 単位系ではこれを J（ジュール）と表現する．J はエネルギー量を示す単位で，1 J は 1 N の力で 1 m の距離を移動させるときのエネルギーに相当する．

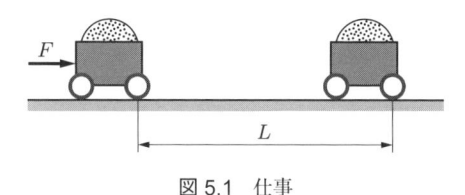

図 5.1 仕事

位置エネルギー

図 5.2 のように，質量 m の車両が高さ h だけ高い位置に移動する場合を考える．車両には重力 mg が作用しており，これを h だけ上方に引き上げると「重量(力)×高さ

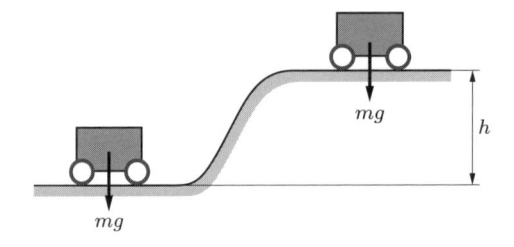

図 5.2 位置エネルギー

（変位）」の仕事をしたことになる．このときの仕事を W_h とすると，

$$W_h = mgh \tag{5.2}$$

となる．上方に移動した車両は，下方の車両に対して W_h のエネルギーを保有する．これを**位置エネルギー**とよぶ．

運動エネルギー

図 5.3 のように，質量 m の静止した車両に一定の力 F を加えて加速し，速度が v になった時点で力を加えるのを中止し，摩擦などの外力を受けずに速度 v を維持して走行しているとする．

加速度の大きさを a，力 F を付加した時間を t，走行した距離を L とおくと，次式の関係があり，時間と速度の関係は図 5.4 の速度グラフとなる．

$$F = ma \tag{5.3}$$

$$a = \frac{v}{t} \tag{5.4}$$

加速中に走行した距離 L は，図 5.4 に示す三角形の面積となり，次式で示される．

$$L = \frac{1}{2}vt = \frac{v^2}{2a} \tag{5.5}$$

この間になした仕事 W_d は，次式となる．

$$W_d = FL = maL = \frac{1}{2}mv^2 \tag{5.6}$$

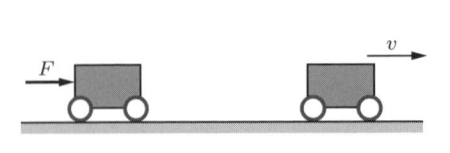

図 5.3 運動エネルギー

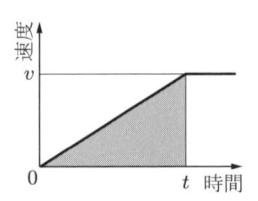

図 5.4 移動距離

質量 m,速度 v で走行する車両は,式 (5.6) に示すエネルギーを保有していることになり,これを**運動エネルギー**という.

ばねのエネルギー

図 5.5 のように,ばね定数 k のばねに力 F を与えて変位が x になったときの仕事を W_k とする.力 F と変位 x の関係は $F = kx$ であり,仕事は力と変位の積であるから,

$$W_\mathrm{k} = \int_0^x F\,dx = \int_0^x kx\,dx = \frac{1}{2}kx^2 \tag{5.7}$$

となり,図 5.6 に示す三角形の面積になる.力 F のした仕事は,ばねのエネルギーとして保存される.

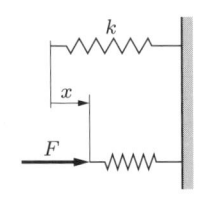

図 5.5 ばねのエネルギー

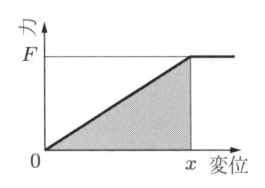

図 5.6 力と変位

5.1.2 エネルギー保存の法則

位置エネルギーや運動エネルギーには**エネルギー保存の法則**があり,お互いに変換し合うことができる.図 5.7 に示すように,地点 A に停止した車両が斜面を降りながら加速し,地点 B に到達した場合を考える.摩擦などは作用しないものとする.車両の質量を m,高度差を h とすると,地点 B に対する地点 A の位置エネルギー W_h は

$$W_\mathrm{h} = mgh \tag{5.8}$$

である.一方,地点 B での速度を v とすると,運動エネルギー W_d は次式である.

$$W_\mathrm{d} = \frac{1}{2}mv^2 \tag{5.9}$$

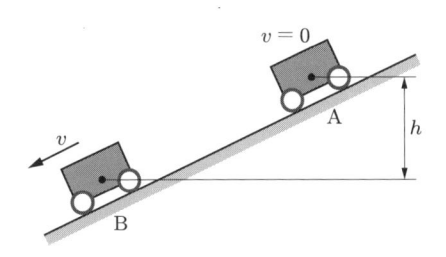

図 5.7 エネルギー保存の法則

地点 B の運動エネルギーは，地点 A での位置エネルギーが変換されたもので，これらの値は等しい．

$$W_\mathrm{h} = W_\mathrm{d} \tag{5.10}$$

これより，高低差 h と速度 v との関係は以下で示される．

$$v = \sqrt{2gh} \tag{5.11}$$

このように，位置エネルギーと運動エネルギーは容易に変換され，エネルギーは形態を変えて保存される．

例題 5.1
時速 $v = 72$ km/h で走行している自動車が，惰性で登坂できる高さ h はいくらか（図 5.8）．ただし，摩擦などの抵抗は無視する．

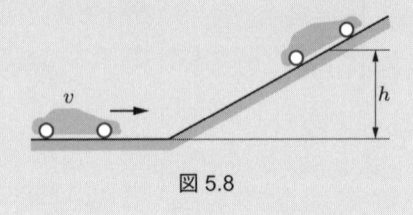

図 5.8

解
質量を m としたとき，速度 v で走行する車両の運動エネルギーと，高さ h で停止したときの位置エネルギーは等しい．

$$\frac{1}{2}mv^2 = mgh$$

これより，高さ h を求めることができる．

$$h = \frac{v^2}{2g} = 20.4 \text{ m}$$

●● 5.1.3 エネルギーの損失

惰性で走行する車両は，摩擦抵抗や空気抵抗などのため，車両はやがて減速して停止する．これは，エネルギーが摩擦熱や音などに変換されるためで，これらを**散逸エネルギー**とよぶ．

速度 v で惰行する質量 m の車両が，摩擦力により減速して停止した（図 5.9）．摩擦力を F，摩擦係数を μ とすれば，

$$F = \mu mg \tag{5.12}$$

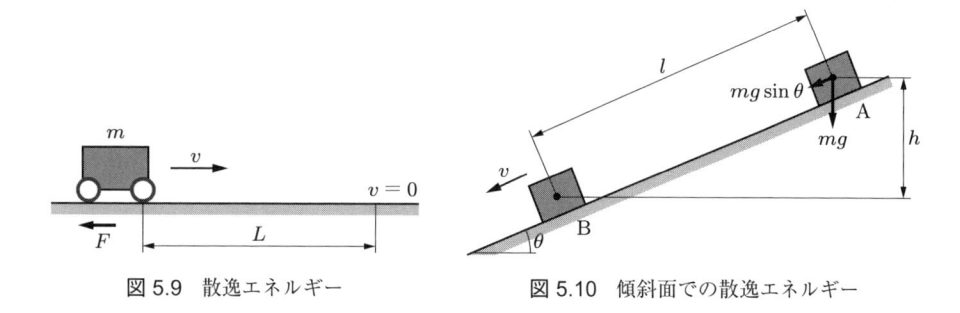

図 5.9　散逸エネルギー　　図 5.10　傾斜面での散逸エネルギー

である．車両が停止するまでに摩擦力がする仕事は，走行しているときの運動エネルギーに等しく，進んだ距離を L とすれば，次式の関係となる．

$$FL = \frac{1}{2}mv^2 \tag{5.13}$$

これより，距離 L は，

$$L = \frac{v^2}{2\mu g} \tag{5.14}$$

となる．

次に，斜面での摩擦によるエネルギーの損失を考える．質量 m の物体を傾斜角 θ，摩擦係数 μ の斜面に置いたときに滑りはじめた．静摩擦係数と動摩擦係数は同じであるとすると，「4.1 摩擦力」の摩擦角として示したように，滑るときの条件は，

$$\mu < \tan\theta \tag{5.15}$$

である．斜面の点 A に置いた物体が斜面を滑り，点 B で速度 v になったとする（図 5.10）．摩擦力を F_d とすると，

$$F_d = \mu mg\cos\theta \tag{5.16}$$

と書ける．地点 A の位置エネルギーは，地点 B の運動エネルギーと摩擦力がする仕事の和に等しく，次式が成り立つ．

$$mgh = \frac{1}{2}mv^2 + F_d l \tag{5.17}$$

地点 B での速度 v は，以下の式となる．

$$v = \sqrt{2gh\left(1 - \frac{\mu}{\tan\theta}\right)} \tag{5.18}$$

例題 5.2

物体に初速度 $v = 10$ m/s を与えて斜面を滑らせると，距離 l 進んで停止した．傾斜角 $\theta = 5°$，摩擦係数 $\mu = 0.5$ のとき，距離 l はいくらか（図 5.11）．

図 5.11

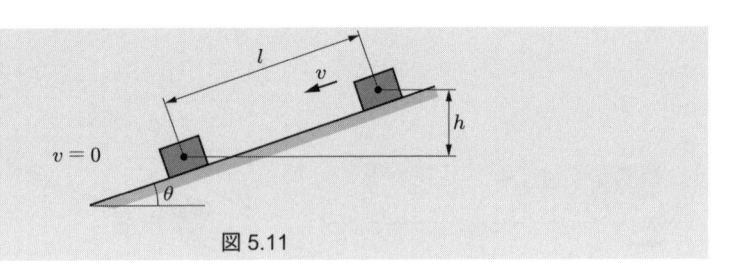

解

物体の質量を m, 高さの差を h, 摩擦力を F_d とすると，次のように求めることができる．

$$mgh + \frac{1}{2}mv^2 = F_d l$$

$$mgl\sin\theta + \frac{1}{2}mv^2 = \mu mgl\cos\theta$$

これより，

$$l = \frac{v^2}{2g(\mu\cos\theta - \sin\theta)} = 12.4 \text{ m}$$

となる．

5.2 衝突

自動車が壁などに衝突すると，自動車は衝撃を受けて車体が変形する．衝突の力学を学び，自動車の衝突加速度と車体の破損の関係を理解しよう．

5.2.1 物体の衝突

速度 v で運動する質量 m の物体が壁に衝突し，速度 V で跳ね返った（図 5.12）．衝突前の速度 v と衝突後の速度 V の大きさの比を**反発係数**とよび，速度の方向を考慮して次式で定義する．

$$e = -\frac{V}{v} \tag{5.19}$$

衝突後の速度 V は，衝突前の速度 v より小さく，$0 \leq e \leq 1$ の関係が常に保たれる．$e = 1$ の場合は同じ速度で跳ね返り，**完全弾性**とよばれる．$e = 0$ の場合は，粘土の

図 5.12 物体の衝突

ように壁に合体する．

衝突によるエネルギーの損失を ΔU とすると，衝突前後の運動エネルギーより，

$$\Delta U = \frac{1}{2}m(v^2 - V^2) = \frac{mv^2}{2}(1 - e^2) \tag{5.20}$$

となり，反発係数の2乗に関係する．完全弾性 ($e = 1$) の場合にはエネルギー損失はなく，$e = 0$ の場合にエネルギー損失が最も大きい．

速度 v_1, v_2 で運動する質量 m_1, m_2 の物体 A, B が衝突し，衝突後の速度がそれぞれ V_1, V_2 になった場合を考える（図 5.13）．衝突時間を $0 \sim \Delta t$ とし，物体の加速度が一定であるとすれば，速度グラフは図 5.14 で表される．

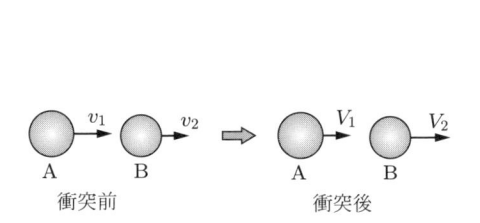

図 5.13 物体の衝突

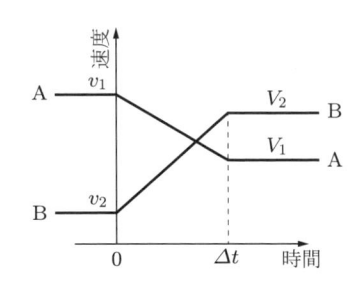

図 5.14 衝突の速度グラフ

衝突時には，物体 A, B には作用反作用の法則に従い，大きさが同じで方向が逆向きの力 F が作用する．加速度を a_1, a_2 とすれば，

$$F = -m_1 a_1 = m_2 a_2 \tag{5.21}$$

$$a_1 = \frac{V_1 - v_1}{\Delta t}, \quad a_2 = \frac{V_2 - v_2}{\Delta t} \tag{5.22}$$

となり，質量と加速度の大きさは反比例の関係にある．式 (5.21)，(5.22) を整理すると，

$$m_1 v_1 + m_2 v_2 = m_1 V_1 + m_2 V_2 \tag{5.23}$$

が導かれる．ここに示される質量と速度の積は運動の勢いを示し，**運動量**とよばれる．衝突前後の運動量の総和は一定に保たれ，これを**運動量保存の法則**という．図 5.12 では，壁から外力を受けるため運動量は保存されないが，図 5.13 では二つの物体は一つの系を構成して外力を受けないため，運動量が保存される．

$v_1 - v_2$ は物体が接近する速度，$V_2 - V_1$ は離れていく速度で，反発係数で表すと次式となる．

$$e = -\frac{V_1 - V_2}{v_1 - v_2} \tag{5.24}$$

式 (5.23), (5.24) より，衝突後の速度 V_1, V_2 は次式で表される．

$$V_1 = v_1 - \frac{m_2(v_1 - v_2)}{m_1 + m_2}(1 + e) \tag{5.25}$$

$$V_2 = v_2 + \frac{m_1(v_1 - v_2)}{m_1 + m_2}(1 + e) \tag{5.26}$$

衝突前後の運動エネルギーをそれぞれ u, U とすると，

$$u = \frac{1}{2}m_1 v_1^2 + \frac{1}{2}m_2 v_2^2 \tag{5.27}$$

$$U = \frac{1}{2}m_1 V_1^2 + \frac{1}{2}m_2 V_2^2 \tag{5.28}$$

と表され，衝突時に失われるエネルギー ΔU は，

$$\Delta U = u - U = \frac{m_1 m_2 (v_1 - v_2)^2}{2(m_1 + m_2)}(1 - e^2) \tag{5.29}$$

となる．二つの物体が衝突するとき，運動量は保存されるが，運動エネルギーは反発係数に応じて損失が発生する．

例題 5.3

高さ $h = 1$ m から水平な床面にボールを落としたとき，跳ね返る高さ H はいくらか．反発係数 e を 0.8 とする（図 5.15）．

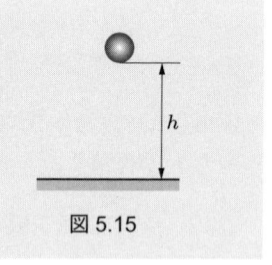

図 5.15

解

ボールの質量を m，衝突前後の速度を v, V とすると，次のようになる．

$$mgh = \frac{1}{2}mv^2, \quad mgH = \frac{1}{2}mV^2, \quad V = -ev$$

したがって，

$$H = \frac{1}{2g}e^2 v^2 = he^2 = 0.64 \text{ m}$$

となる．

●● **5.2.2 車両の衝突**

自動車が衝突すると，衝突加速度に比例する衝撃が乗員に作用し，車体は変形する．車体は，衝突時の乗員への衝撃が小さくなるように設計されている．

壁への衝突

図 5.16 のような，速度 v で走行する質量 m の車両が壁に衝突する場合を考える．壁は強固で変形はなく，車体のみが変形して壁からの跳ね返りはない（$e=0$）とする．また，衝突加速度 a は正で一定値とし，車体の変形量（つぶれ量）を $s\,[\text{m}]$ とする．

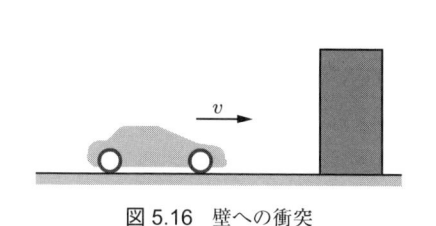

図 5.16　壁への衝突

図 5.17　壁面衝突の速度グラフ

衝突時間を $0 \sim \Delta t$ として速度グラフで表すと，図 5.17 になる．このとき，衝突加速度 a はグラフの傾き，車体の変形量 s は三角形の面積となる．

$$a = \frac{v}{\Delta t} \tag{5.30}$$

$$s = \frac{1}{2}v\Delta t \tag{5.31}$$

これより，加速度 a と車体変形量 s との関係は，

$$a = \frac{v^2}{2s} \tag{5.32}$$

となる．衝突による加速度 a は質量 m には無関係で，速度 v と車体変形量 s に依存する．

加速度と車体変形量の関係は，エネルギーから導くこともできる．衝突による仕事を W_c とおくと，仕事は衝突時に作用する力 F と車体変形量 s との積として以下の式で示される．

$$W_c = Fs = mas \tag{5.33}$$

衝突による仕事 W_c と運動エネルギーは等しく，次式が成り立つ．

$$mas = \frac{1}{2}mv^2 \tag{5.34}$$

これより，式 (5.32) に示す加速度と車体変形量の関係を求めることができる．

例題 5.4

車両が速度 $v = 65\,\text{km/h}$ で硬い壁に衝突する．衝突時の減速加速度を $60g$ で一定にするためには，車体の変形量 s をいくらにすればよいか．

解

加速度と車体変形量の関係（式 (5.32)）から，以下のように示される．

$$s = \frac{v^2}{2a} = 0.28 \text{ m}$$

車と車の衝突

質量 m_1，速度 v_1 の車両 A が，質量 m_2，速度 v_2 で走行する車両 B に追突し，追突後に 2 台の車両が一体（$e = 0$）となって速度 V_0 になる場合を考える（図 5.18）．追突時には車両 A と車両 B に大きさが同じで逆向きの力 F が作用する．車両 A と車両 B の衝突加速度をそれぞれ a_1, a_2，追突時間を $0 \sim \Delta t$ として速度グラフを示すと，図 5.19 となる．

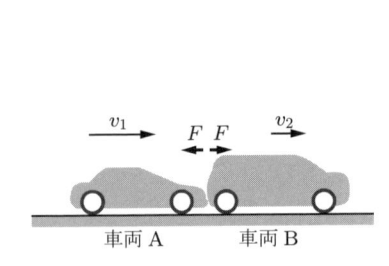

図 5.18　車と車の衝突

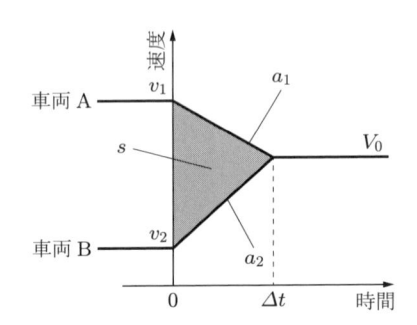

図 5.19　衝突の速度グラフ (衝突後に一体)

衝突時の力と衝突加速度は以下の式で示される．

$$F = -m_1 a_1 = m_2 a_2 \tag{5.35}$$

$$a_1 = \frac{V_0 - v_1}{\Delta t}, \quad a_2 = \frac{V_0 - v_2}{\Delta t} \tag{5.36}$$

車両 A，B の衝突後の速度 V_1，V_2 は，一体となった後の速度 V_0 に等しい．速度 V_0 は，式 (5.25) に $e = 0$ を代入して求めることができる．

$$V_0 = \frac{m_1 v_1 + m_2 v_2}{m_1 + m_2} \tag{5.37}$$

車体変形量 s を図 5.19 の三角形の面積から求めると，

$$s = \frac{1}{2}(v_1 - v_2)\Delta t \tag{5.38}$$

となる．式 (5.35)〜(5.38) より，車両 A と車両 B の加速度 a_1，a_2 と車体変形量 s との関係を導くことができる．

$$a_1 = -\frac{m_2}{m_1+m_2} \cdot \frac{(v_1-v_2)^2}{2s} \tag{5.39}$$

$$a_2 = \frac{m_1}{m_1+m_2} \cdot \frac{(v_1-v_2)^2}{2s} \tag{5.40}$$

車体変形量 s は，車両 A と車両 B の車体変形量の和であり，どちらの車両がどれだけ変形するかには関係しない．つまり，変形しやすい車両のほうが大きく変形することになる（図 5.20）.

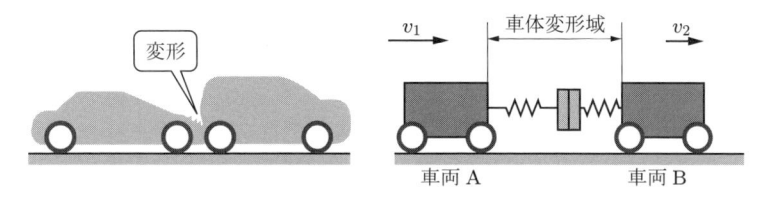

図 5.20 車体の変形

加速度 a_1，a_2 はエネルギーから求めることもできる．式 (5.29) より，反発係数 e をゼロとして，衝突によって失われるエネルギー ΔU が，次のように導かれる．

$$\Delta U = \frac{m_1 m_2 (v_1-v_2)^2}{2(m_1+m_2)} \tag{5.41}$$

衝突時に F がする仕事を W_c とすると，

$$W_c = Fs \tag{5.42}$$

となる．$\Delta U = W_c$ であるから，次式を導くことができる．

$$Fs = \frac{m_1 m_2 (v_1-v_2)^2}{2(m_1+m_2)} \tag{5.43}$$

これより，$F = -m_1 a_1 = m_2 a_2$ の関係を代入すると，式 (5.39)，(5.40) に示す加速度 a_1，a_2 が導かれる．

また，追突した後に 2 台の車両が次第に離れていく場合がある．これは，反発係数が $e > 0$ の場合で，変形した車体の一部が元に戻るために起こる跳ね返りの現象である．車両 A，B の速度が衝突後にそれぞれ V_1，V_2 になったとして，速度グラフで示すと図 5.21 になる．衝突時の最大変形量は面積 s_1，衝突の後半に発生する変形の戻りが s_2 に相当する．したがって，衝突後に測定する車体変形量は $s_1 - s_2$ の値になり，衝撃値との関連性を詳細に考える場合には，変形の戻り s_2 を考慮することが必要となる．

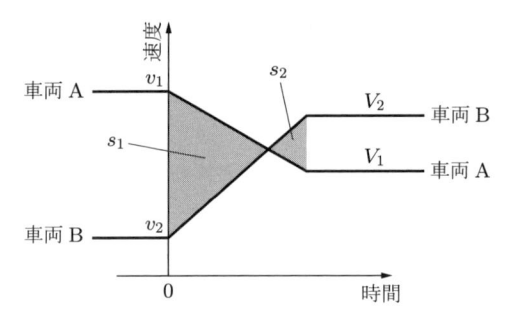

図 5.21 衝突の速度グラフ (衝突後に分離)

例題 5.5
質量 $m_1 = 3000$ kg の車両 A が質量 $m_2 = 1200$ kg の車両 B に追突した．車両 A の加速度 a_1 が $30g$ のとき，車両 B の加速度 a_2 はいくらか．

解
加速度と質量との関係は反比例であるから，以下のように示される．
$$a_2 = -\frac{m_1}{m_2}a_1 = -75g$$

5.3 馬力と走行抵抗

馬力は 19 世紀に考えられた単位である．当時は馬 1 頭のする仕事を基準とすればわかりやすいため，最新の蒸気機関が馬何頭分の力を出すかを知るために考えられた．いまでも，自動車のエンジン性能を馬力で表すことが多い．本節では，馬力を算出する方法や馬力に関連性の高い走行抵抗について学ぶ．

5.3.1 仕事率と馬力

同じ仕事でも，1 秒でするか 5 秒でするかでは効率が違う．この能力の違いは**仕事率**を用いて表す．仕事率は 1 秒間でできる仕事，つまり，ジュール毎秒 [J/s] で定義し，これを W（ワット）と表現する．

車両の諸元表ではエンジン最高出力を kW で表すが，**馬力**（PS：Pferdestärke）を併記することが多い．1 馬力は 735.5 W で，これは時速 3.6 km（毎秒 1 m）の速さで質量 75 kg の荷物を引き上げる仕事率に相当する（図 5.22）．

仕事が「力×変位」で表されるのに対し，仕事率は単位時間あたりにする仕事を表し，「力×速度」で表現する．仕事率を P，力を F，速度を v とすると以下の式となる．

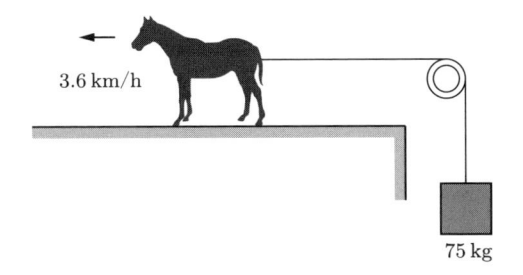

図 5.22　1 馬力

$$P = Fv \tag{5.44}$$

また，駆動トルクを T，タイヤ半径を r，タイヤの回転角速度を ω とすると，$v = r\omega$ の関係より，

$$P = Fr\omega = T\omega \tag{5.45}$$

となる．

このように，馬力は「トルク×回転角速度」で表すことができ，馬力 [PS] と回転数 [rpm] を示すことが多い．

例題 5.6
エンジンが 2000 rpm で回転している．トルクが $T = 120$ Nm のとき，馬力はいくらか．

解
回転角速度を ω，馬力を P とすると，次式のようになる．

$$\omega = 2000 \times \frac{2\pi}{60} = 209 \text{ rad/s}, \quad P = \frac{T\omega}{735.5} = 34 \text{ PS}$$

5.3.2　走行抵抗

自動車が走行するとき，走行を妨げようとする力を**走行抵抗**という．走行抵抗には，発進や追越しなどで発生する加速抵抗，坂道を登坂する場合の勾配抵抗，空気抵抗，タイヤの転動時に発生するころがり抵抗などがある．

加速抵抗と勾配抵抗

静止した質量 m の車両が一定の加速度 a で加速し，t 秒後に車速が v になり，その後は一定速度 v で走行したとする．これを速度グラフで表すと，図 5.23 となる．

仕事率を P とすると，

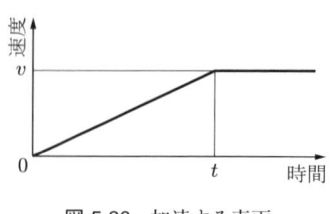

図 5.23 加速する車両

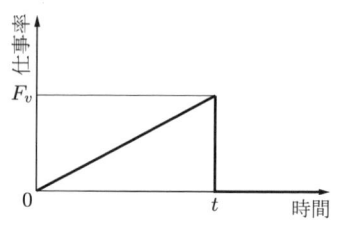

図 5.24 加速する車両の仕事率

$$P = mav \tag{5.46}$$

となり，加速時に必要な仕事率は，質量×加速度×速度で表現され，**加速抵抗**とよばれる．

仕事率 P をグラフで表示すると，図 5.24 となる．加速度 a が一定で，速度が速くなれば仕事率 P は上昇し，t 秒後に速度が一定になると加速度 a はゼロになるため，仕事率 P もゼロになる．仕事率のグラフで示されるように，速度が低い場合には小さな馬力のエンジンでも加速するが，高速からさらに加速するためには高い馬力のエンジンが必要となることがわかる．

傾斜角 θ の坂道を一定速度 v で登坂する車両の仕事率 P は，以下に示す式となる（図 5.25）．

$$P = mg\sin\theta \cdot v \tag{5.47}$$

このような，登坂に必要な仕事率を，**勾配抵抗**とよぶ．

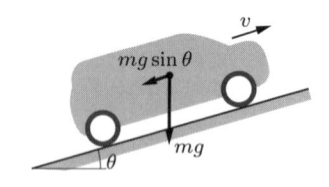

図 5.25 登坂する車両

例題 5.7

質量 $m = 2000$ kg の自動車が $\theta = 5°$ の傾斜を速度 $v = 120$ km/h で登坂している．
(1) 速度 v が一定の場合の馬力 P_1 [PS] を求めよ．
(2) 同じ速度で，加速度 $a = 0.1g$ で加速する場合の馬力 P_2 [PS] を求めよ．

解
(1) 重力による力 F は $mg\sin\theta$ であるから，馬力は下記のとおり算出される．
$$P_1 = \frac{Fv}{735.5} = 77.4 \text{ PS}$$

(2) P_1 に加速抵抗分を付加して求める.
$$P_2 = P_1 + \frac{mav}{735.5} = 166.2 \text{ PS}$$

空気抵抗

自動車は走行中に空気から抵抗を受け，これを**空気抵抗**とよぶ．空気抵抗は，空気の圧力や摩擦，車体後部などに発生する渦によるエネルギー損失として発生する．一般に，空気抵抗 R_A は以下の式で表現される．

$$R_A = \frac{\rho}{2} C_d A v^2 \tag{5.48}$$

ここに，ρ は空気密度でおよそ 1.2 kg/m^3，$A \text{ [m}^2\text{]}$ は車両前面投影面積で車両正面の面積，v は無風状態の速度である．また，C_d (constant drag) は抵抗係数のことであり，単位は無次元である．空気抵抗は速度の 2 乗に比例して高速になるほど大きくなり，最高速度性能や燃費などの性能に影響する．C_d は，スポーツカーのように流線型に近くなると小さくなり，乗用車では一般に 0.25〜0.4 程度である．燃費を改善するうえで，空域抵抗低減の効果は大きい．

タイヤの転がり抵抗

質量 m の円柱が水平面を転動する場合を考える（図 5.26）．円柱や床面は弾性変形するため，運動を妨げるような抵抗が作用する．これを，**転がり摩擦**とよぶ．転がり摩擦力を F_R とおくと，

$$F_R = \mu_r mg \tag{5.49}$$

となる．μ_r は**転がり摩擦係数**とよばれ，滑り摩擦係数に比べて極めて小さい値となる．たとえば，鉄と鋼板との滑り摩擦係数は約 0.5 であるが，鋼球と鋼板との転がり摩擦係数は 10^{-4}〜10^{-5} 程度である．

図 5.27 に示すように，円柱が傾斜角 θ の斜面を一定の速度 v で転動するときは，以下の式が成り立つ．

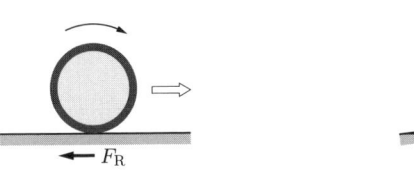

図 5.26 転がり摩擦

図 5.27 斜面を転動する円柱

$$mg\sin\theta = \mu_r mg\cos\theta \tag{5.50}$$

これより，

$$\mu_r = \tan\theta \tag{5.51}$$

が得られ，転がり抵抗係数を実験的に求めることができる．

タイヤが路面を転動するときに発生する抵抗をタイヤの**転がり抵抗**とよび，タイヤが変形するときのヒステリシスによるエネルギー損失がおもな要因である．ヒステリシスとは，ゴムの分子間の摩擦などにより，力を加えると変形するが，力を除いたときに変形が元に戻らない特性のことである．タイヤの転がり抵抗は路面の状態にも関係し，アスファルト舗装路での転がり抵抗 μ_r は 0.01〜0.02 程度である．転がり抵抗はタイヤの荷重や車速の増大とともに大きくなる．

図 5.28 は，タイヤの転がり抵抗を測定する方法である．表面が一定のドラムにタイヤを押し付けてドラムを回転させると，タイヤはドラムと反対の方向に転動する．タイヤが一定の回転数になったとき，タイヤにかかる力 F_t を計測すれば，ころがり抵抗を次式から求めることができる．

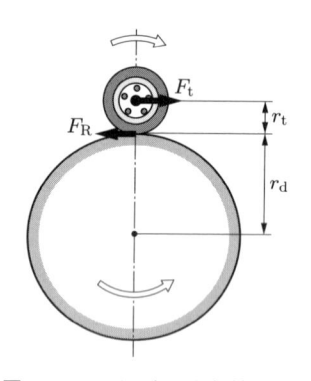

$$F_R = \frac{F_t(r_t + r_d)}{r_d} \tag{5.52}$$

図 5.28 タイヤ転がり抵抗の測定

例題 5.8

質量 $m = 1600$ kg の車両が速度 $v = 180$ km/h で走行している．抵抗係数 $C_d = 0.35$，車両前面投影面積 $A = 2.5$ m^2，空気密度 $\rho = 1.2$ kg/m^3，転がり抵抗 $\mu_r = 0.02$ として，馬力 P [PS] を求めよ．ただし，タイヤ転がり抵抗は一定とする．

解

空気抵抗を R_A，タイヤ転がり抵抗を F_R とすると，

$$R_\mathrm{A} = \frac{\rho}{2} C_\mathrm{d} A v^2 = 1312.5 \text{ N}, \quad F_\mathrm{R} = \mu_\mathrm{r} mg = 313.6 \text{ N}$$

となる．仕事率を P とすると，

$$P = \frac{(R_\mathrm{A} + F_\mathrm{R})v}{735.5} = 110.5 \text{ PS}$$

となる．

エネルギー

　車速 60 km/h で走行する質量 1500 kg の自動車のエネルギーの大きさを想像することはかなり難しい．計算してみると，およそ 200 kJ（キロジュール）になるが，200 kJ といわれても感覚的にわかりにくい．

　では，ペットボトル 1 本分（500 ml）の水に 200 kJ のエネルギーを与えると，温度は何度上昇するだろうか．1 グラムの水の温度を 1 度上げるのに必要な熱量は約 4.2 J であるから，約 95 ℃ 上昇することになる．つまり，ペットボトル 1 本分の零度の水を沸騰させるくらいのエネルギーである．これなら，少しはイメージできる．

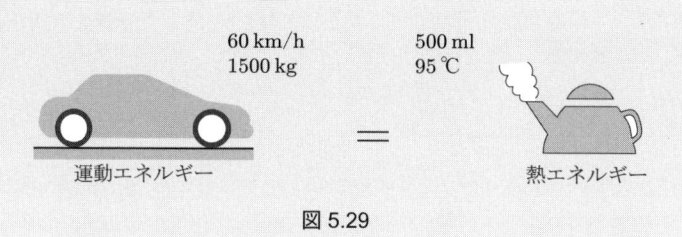

図 5.29

演習問題

5.1 質量 $m = 1600$ kg の静止した車両が，傾斜角 $\theta = 10°$ の斜面を高さ $h = 10$ m から下降した後，平坦路を走行する距離 L はいくらか．摩擦係数 $\mu = 0.1$ は一定とする（図 5.30）．

5.2 車両が速度 $v = 54$ km/h で硬い壁に衝突した．衝突後の車体変形量 s を測ると 0.3 m であった．跳ね返りがないとき，衝突加速度を g で表せ．

5.3 ばねを取り付けた質量 $m = 1800$ kg の台車を速度 $v = 9$ km/h で壁に衝突させた．ばね定数 $k = 30000$ N/m のとき，ばねの最大たわみ量 x はいくらか（図 5.31）．

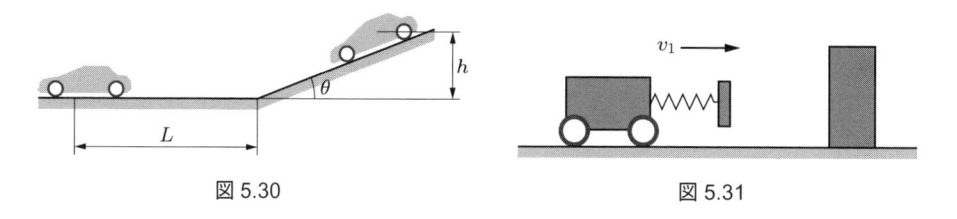

図 5.30　　　　　図 5.31

5.4 質量 $m_1 = 1800$ kg, 速度 $v_1 = 126$ km/h の車両 A が, 質量 $m_2 = 1200$ kg, 速度 $v_2 = 36$ km/h の車両 B に追突した. 反発係数 $e = 0.2$ のとき, 衝突後の車両 B の速度 V_2 はいくらか.

5.5 質量 $m = 150$ kg の荷物を $v = 10$ m/s で引き上げるために必要な馬力 [PS] はいくらか.

5.6 質量 $m = 1500$ kg の車両が傾斜角 $\theta = 5°$ の長い斜面を惰性で下るときの最高速度 v はいくらか. 抵抗係数 $C_\mathrm{d} = 0.35$, 車両前面投影面積 $A = 2.4$ m^2, 空気密度 $\rho = 1.2$ kg/m^3, 転がり抵抗 $\mu_\mathrm{r} = 0.02$ とする.

第6章

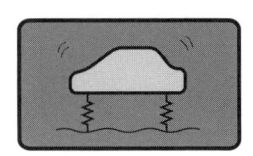

振動の力学

振動は，周期的な運動である．不規則にみえる運動も，複数の振動が集合したものと考えることができる．自動車の乗り心地もさまざまな振動の集合である．ここでは，1自由度振動を例にして振動の基礎を学ぶ．

6.1 振動の基本

6.1.1 単振動

点 P が，半径 A の円周上を一定の角速度 ω で旋回している．横軸を時刻 t として，点 P の上下変位 x を表示すると，**単振動**という周期的な波形を描き，以下の式で表現することができる（図 6.1）．

$$x = A\sin\omega t \tag{6.1}$$

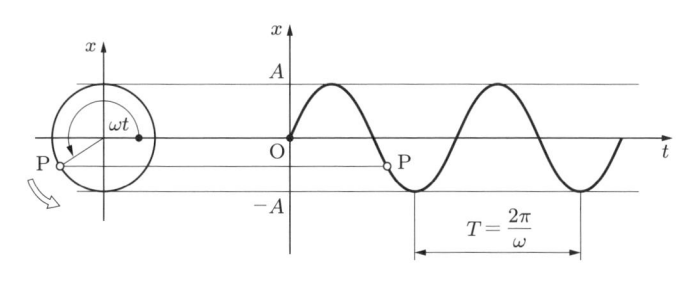

図 6.1

A は**振幅**とよばれ，x の最大値および最小値の絶対値となる．点 P が円周を一周して元に戻るまでの時間を**周期**といい，単位時間あたりに回転した数を**振動数**または**周波数**という．周期を T [s]，角速度を ω [rad/s]，振動数を f [Hz] とおくと，次の関係がある．

$$f = \frac{1}{T} = \frac{\omega}{2\pi} \tag{6.2}$$

例題 6.1

エンジンが 600 rpm で定常回転している．周波数 f，周期 T，角速度 ω はそれぞれいくらか．

解

rpm は 1 分間あたりの回転数で，周波数は 1 秒間あたりの回転数であるから，

$$f = 600 \times \frac{1}{60} = 10 \text{ Hz}$$

となる．周期 T および角速度 ω は，式 (6.2) より

$$T = \frac{1}{f} = 0.1 \text{ s}, \quad \omega = 2\pi f = 62.8 \text{ rad/s}$$

となる．

●● 6.1.2 減衰のない自由振動

図 6.2 に示すような，質量 m，ばね定数 k の 1 自由度モデルを考える．

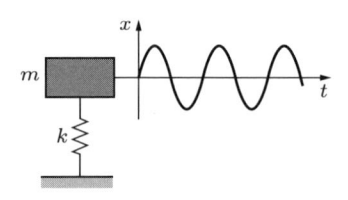

図 6.2 1 自由度モデル

質量 m に外力を作用させて放置すると，同じ周期で振動し続け，この状態を**自由振動**とよぶ．質量 m にはばねの復元力が作用し，変位を x とすると自由振動は次式で示される．

$$m\ddot{x} + kx = 0 \tag{6.3}$$

1 自由度系の自由振動は単振動となり，振幅 A，角速度 ω，時間 t とすれば，単振動の式として表現することができる．

$$x = A \sin \omega t \tag{6.1}$$

「3.1 運動の表現」で学んだように，速度 $\dot{x}$ および加速度 $\ddot{x}$ は，変位 x を時間 t で微分することにより求められる．

$$\dot{x} = \frac{dx}{dt} = A\omega \cos \omega t \tag{6.4}$$

$$\ddot{x} = \frac{d^2x}{dt^2} = -A\omega^2 \sin \omega t \tag{6.5}$$

式 (6.3) に代入すると，
$$A(-m\omega^2 + k)\sin\omega t = 0 \tag{6.6}$$
となる．ここで，
$$-m\omega^2 + k = 0 \tag{6.7}$$
のとき，式 (6.6) は常に成り立ち，これを**特性方程式**とよぶ．特性方程式の解を ω_n とおくと，
$$\omega_n = \sqrt{\frac{k}{m}} \tag{6.8}$$
となり，自由振動の角速度を示す．ω_n を**固有角振動数**とよび，単位は rad/s である．また，式 (6.2) の関係から周波数を求めると，次式のようになる．
$$f_n = \frac{\omega_n}{2\pi} = \frac{1}{2\pi}\sqrt{\frac{k}{m}} \tag{6.9}$$
f_n は**固有振動数**で，単位は Hz で表現する．図 6.2 で示す質量 m，ばね定数 k の 1 自由度モデルに入力を与えて自由振動させると，固有振動数 f_n で振動する．

> **例題 6.2**
> 物体をばねに吊るしたら，ばねが 100 mm 伸びた状態で静止した．固有振動数 f_n を求めよ．
>
> **解**
> 変位を x とすると，力とばね定数の関係から，次がわかる．
> $$x = \frac{mg}{k} = 0.1 \text{ m} \quad \text{より，} \quad \sqrt{\frac{k}{m}} = 9.9 \text{ rad/s}$$
> したがって，f_n が求められる．
> $$f_n = \frac{1}{2\pi}\sqrt{\frac{k}{m}} = 1.6 \text{ Hz}$$

●● **6.1.3 減衰のある自由振動**

衝撃や振動を緩和させる装置として，オイル式ダンパーがある．路面からの衝撃緩和や振動抑制のために，自動車ではサスペンションなどに用いられる．オイル式ダンパーは，図 6.3 のようにピストンとシリンダで構成し，シリンダ内部に粘性オイルが充填されている．ピストンに入力が作用すると，ピストンに設けたオリフィス（バルブ）をオイルが通過する．ダンパーは，オイルの通過する抵抗を利用して減衰力を発生する．このため，オイル式ダンパーは，速度の速い入力に対しては大きな減衰力を

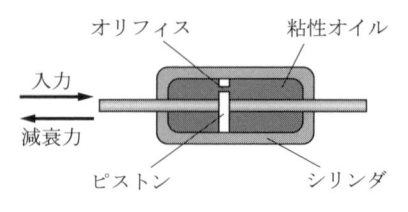

図 6.3 オイル式ダンパーの構造

発生させ，ゆっくりした入力に対しては小さな減衰力を発生させる性質がある．入力と減衰力とは作用反作用の関係があり，大きさが同じで方向が反対となる．

入力 F は，ピストン速度（シリンダとの相対速度）に比例し，以下の式で示すことができる．

$$F = c\dot{x} \tag{6.10}$$

c は，減衰力の大きさに関係する係数で**減衰係数**とよび，単位は Ns/m である．ダンパーに入力 F の正弦波を作用させると，変位 x も同じ周期の正弦波となるが，図 6.4 に示すように，加振力 F に対し変位 x は $T/4$ の時間遅れが発生する．このような遅れを**位相差**または**位相遅れ**とよぶ．

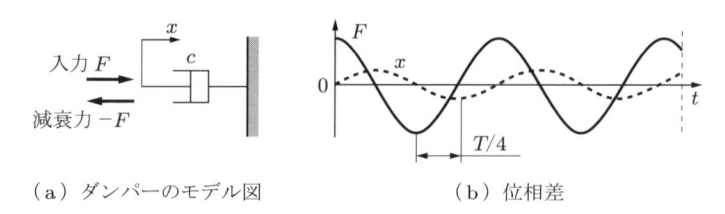

（a）ダンパーのモデル図　　（b）位相差

図 6.4 ダンパーの特性

次に，1自由モデルにダンパーを付加し，図 6.5 に示すような減衰要素があるときの自由振動を考える．質量 m，ばね（ばね定数 k），ダンパー（減衰係数 c）からなる1自由度モデルとする．自由振動では，質量 m に作用する力はダンパーの減衰力とばねの復元力であるから，自由振動は次式で示すことができる．

$$m\ddot{x} + c\dot{x} + kx = 0 \tag{6.11}$$

減衰がある場合は位相差が発生するため，単振動で表現した式 (6.1) のような三角関数の式から特性方程式を導くことはできない．そこで，変位 x の一般解を複素数 σ を用いて次式とおく．

$$x = Ae^{\sigma t} \tag{6.12}$$

これより，

6.1 振動の基本

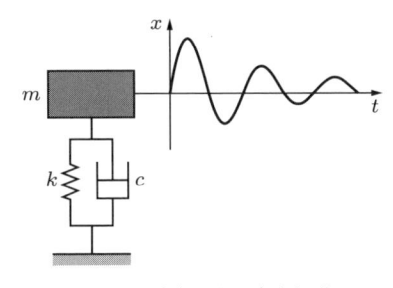

図 6.5 減衰のある自由振動

$$\dot{x} = A\sigma e^{\sigma t} \tag{6.13}$$

$$\ddot{x} = A\sigma^2 e^{\sigma t} \tag{6.14}$$

が求められる．減衰のない自由振動において，特性方程式を導いた手順と同様に，以下に示す特性方程式を導くことができる．

$$m\sigma^2 + c\sigma + k = 0 \tag{6.15}$$

この式の解は振動数や減衰を決定するもので，**極 (pole)** とよばれる．極の値を σ_{n} とすると，j を虚数単位として，

$$\sigma_{\mathrm{n}} = \frac{-c \pm j\sqrt{4mk - c^2}}{2m} = -\frac{c}{2m} \pm j\sqrt{\frac{k}{m} - \left(\frac{c}{2m}\right)^2} \tag{6.16}$$

となり，k/m と $c/2m$ の値によって振動の状態が表される．極の虚部は，減衰振動における固有角振動数を表し，**減衰固有角振動数** ω_{d} とよぶ．

$$\omega_{\mathrm{d}} = \frac{\sqrt{4mk - c^2}}{2m} \tag{6.17}$$

ルートの中がゼロになる減衰係数 c を**臨界減衰係数** c_{c} とよび，減衰の基準となる．

$$c_{\mathrm{c}} = 2\sqrt{mk} \tag{6.18}$$

また，減衰係数を無次元化して，次式のように**減衰比**として扱うこともある．

$$\zeta = \frac{c}{c_{\mathrm{c}}} = \frac{c}{2\sqrt{mk}} \tag{6.19}$$

減衰比 ζ を c/c_{c}（シーバイシーシー）とよび，減衰の大きさの目安として用いる．減衰固有角振動数 ω_{d} を，減衰のない固有角振動数振 ω_{n} と減衰比 ζ を用いて表現すると，

$$\omega_{\mathrm{d}} = \omega_{\mathrm{n}}\sqrt{1 - \zeta^2} \tag{6.20}$$

となる．減衰比の大きさにより，自由振動の状態は以下のようになる．

① $\zeta < 1$ のとき

図 6.6 のように，自由振動は次第に減衰してゼロに収束する．ζ が 0.3 よりも小さいときは，減衰固有角振動数 ω_d と固有角振動数 ω_n との差は小さいと考えてよい．

② $\zeta \geqq 1$ のとき

$\zeta = 1$ の場合を**臨界減衰**，$\zeta > 1$ の場合を**過減衰**とよび，この条件では図 6.7 に示すように振動現象はみられない．

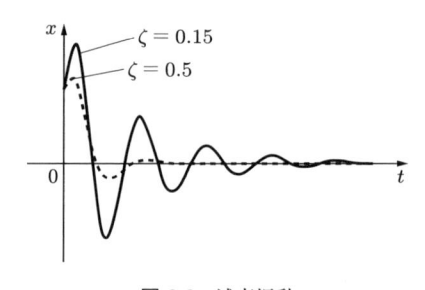

図 6.6 減衰振動

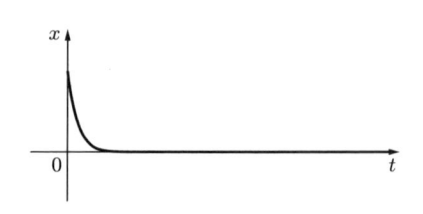

図 6.7 過減衰

例題 6.3

図は質量 $m = 40$ kg，ばね定数 $k = 2000$ N/m，減衰係数 $c = 200$ Ns/m の 1 自由度モデルである．

(1) 減衰比 ζ はいくらか．
(2) 固有振動数 f_n と減衰固有振動数 f_d を求めよ．

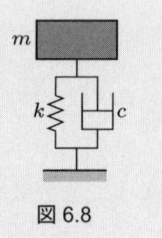

図 6.8

解

(1) 臨界減衰係数を c_c とすると，次式のようになる．

$$c_c = 2\sqrt{mk} = 565.7 \text{ Ns/m}, \quad \zeta = \frac{c}{c_c} = 0.35$$

(2) $f_n = \dfrac{1}{2\pi}\sqrt{\dfrac{k}{m}} = 1.13$ Hz, $\quad f_d = f_n\sqrt{1-\zeta^2} = 1.06$ Hz

6.2 振動の解析

振動の分析やメカニズムを解明するための代表的な方法として，ラプラス変換，ブロック線図，伝達関数について学ぶ．

6.2.1 ラプラス変換

ラプラス変換は，微分方程式を代数方程式（掛け算や割り算）に変換して，演算や解析を簡素化することができるため，振動解析や制御系開発などに広く利用される．変位，速度，加速度で表現する時間領域に対し，ラプラス変換による表現はラプラス領域とよばれ，周波数の表現に近い領域と考えることができる．ここでは，ラプラス変換の定義や理論の詳細は割愛し，活用方法を中心に説明する．

ラプラス変換は，時間の関数として表現する変位，速度，加速度を，ラプラス演算子 s を用いて以下のように表現する．

変位： $x \rightarrow X$
速度： $\dot{x} \rightarrow Xs$
加速度： $\ddot{x} \rightarrow Xs^2$

ラプラス変換では，変位 X にラプラス演算子 s を掛けることで速度や加速度が表現できるため，演算が容易である．ラプラス領域から時間領域には，ラプラス逆変換（$X \rightarrow x$）がある．このため，時間領域で表した複雑な運動方程式をラプラス変換し，演算した結果を時間領域に戻すこともできる．なお，x は時間の関数で $x(t)$，X はラプラス関数として $X(s)$ の表現が正確であるが，煩雑さを避けるため (t) や (s) は省略する．また，正確ではないが，x と X とを本書では便宜上同じように扱う．

まず，既出の減衰のない自由振動の式にラプラス変換を適用する．

$$m\ddot{x} + kx = 0 \tag{6.3}$$

ラプラス変換を適用すると，以下の式が得られる．

$$(ms^2 + k)X = 0 \tag{6.21}$$

これより，ラプラス演算子で表現する特性方程式が導かれる．

$$ms^2 + k = 0 \tag{6.22}$$

さらに，$s = j\omega$（j は虚数単位）を代入すると，固有角振動数 ω_n を求めることができる．

$$-m\omega^2 + k = 0 \tag{6.7}$$

$$\omega_\mathrm{n} = \sqrt{\frac{k}{m}} \tag{6.8}$$

このように，ラプラス演算子 s に $j\omega$ を代入すれば，周波数の式として活用することができる．

減衰のある自由振動についても同様に，

$$m\ddot{x} + c\dot{x} + kx = 0 \tag{6.11}$$

の式をラプラス変換すると，以下の特性方程式を導くことができる．

$$ms^2 + cs + k = 0 \tag{6.23}$$

これより，$s = j\omega$ を代入して減衰固有角振動数などが導かれる．

このようにラプラス変換を適用すると，運動方程式を簡素に扱うことができ，振動数などの計算が容易になる．

●● 6.2.2 ブロック線図

運動の式を表現する方法として，ブロック線図がある．「3.1 運動の表現」で示した変位，速度，加速度は，互いに微分や積分の関係があり，これらの関係は図 6.9 で表すことができる．

ラプラス変換では，微分するにはラプラス演算子 s を掛け，積分するには $1/s$ を掛ければよい．加速度，速度，変位の関係からブロック線図でこれを表すと，図 6.10 となる．

この関係を用いて，図 6.11 に示す 1 自由度モデルの質量 m に外力 f が作用するときのブロック線図を作成する．質量 m には，外力 f のほかにダンパーの減衰力とばねの復元力が作用し，運動の式は次式となる．

$$m\ddot{x} + c\dot{x} + kx = f \tag{6.24}$$

ラプラス変換して，以下のように表現する．

$$mXs^2 = F - cXs - kX \tag{6.25}$$

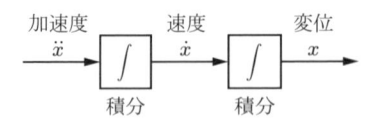

図 6.9　変位，速度，加速度の関係 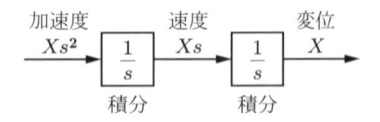　　図 6.10　ラプラス演算子を用いたブロック線図

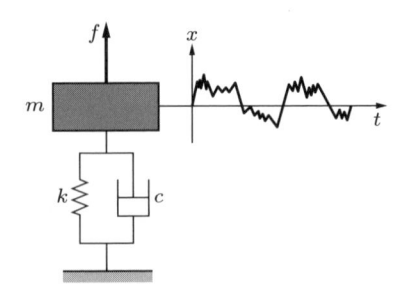

図 6.11　1 自由度モデル

これをブロック線図で表現する．質量 m に作用する力は，外力 F，減衰力 $(-cXs)$，復元力 $(-kX)$ の合力である．この合力は式 mXs^2 に等しいから，m で割れば加速度 Xs^2 になる．図 6.10 の関係と組み合わせて，図 6.12 のブロック線図が得られる．

このようなブロック線図を作成すれば，解析ソフトを利用して外力 F に対する応答 X のシミュレーションを実行することができる．入力として図 6.13 (a) に示すステップ状の外力 F を作用させたとき，出力として図(b)に示す変位 X が得られる．

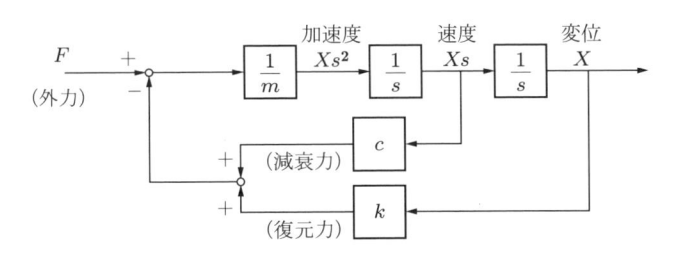

図 6.12　1 自由度モデルのブロック線図

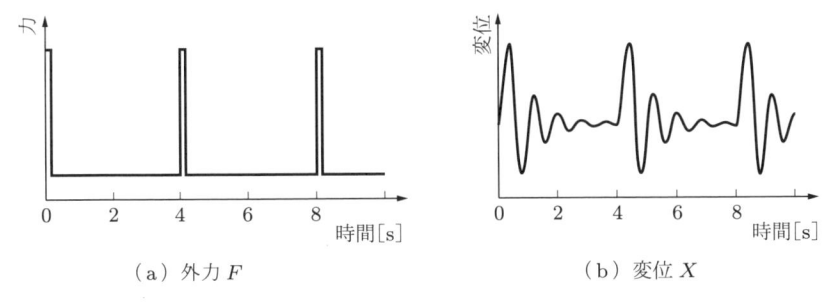

(a) 外力 F

(b) 変位 X

図 6.13　1 自由度系の振動

6.2.3　伝達関数

図 6.12 に示すブロック線図の外力 F を入力とし，変位 X を出力と考え，「出力÷入力」で表現する形を伝達関数という．伝達関数を G とすると，以下の式で表される．

$$G = \frac{X}{F} \tag{6.26}$$

図 6.14 に示すように，伝達関数 G は系全体を包括しており，任意の入力 F を与えた場合に，入力に応じた出力 X を計算することができる．

式 (6.25) を伝達関数 G で表すと，次式になる．

$$G = \frac{X}{F} = \frac{1}{ms^2 + cs + k} \tag{6.27}$$

さらに，$s = j\omega$ を代入すると，

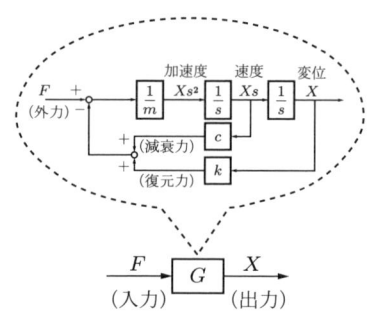

図 6.14　伝達関数

$$G = \frac{1}{-m\omega^2 + jc\omega + k} \tag{6.28}$$

となり，角振動数 ω の関数として表現することができる．

伝達関数 G として表現すれば，図 6.15 に示すような時間軸からみた応答のほかに，角振動数や周波数からみた特性として分析することができる．

入力 F を正弦波とし，角振動数 ω を一定として継続的に持続すると，図 6.15 に示すように，過渡状態を経て，一定時間後に出力は定常の状態になる．入力 F および定常状態における出力 X は次式で表すことができる．

$$F = F_0 \sin \omega t \tag{6.29}$$
$$X = X_0 \sin \omega (t - \Delta t) \tag{6.30}$$

ここに，F_0 は入力振幅，X_0 は出力振幅，Δt は時間遅れである．

振幅比は，伝達関数 G の絶対値として次式で表される．

$$|G| = \frac{X_0}{F_0} = \left| \frac{1}{-m\omega^2 + j\omega c + k} \right| \tag{6.31}$$

$|G|$ をゲインとよぶ．ゲインは，対数を用いて $20 \log_{10} |G|$ でグラフ表示する場合も

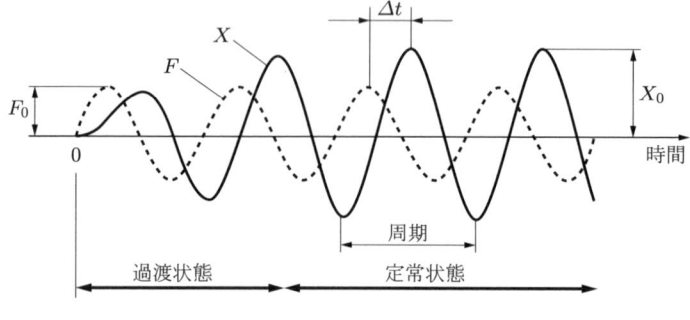

図 6.15　入力と出力の関係

ある.

また，$\omega \Delta t$ は位相遅れを示す．位相遅れを $\delta\ (=\omega \Delta t)$ として式 (6.30) を書き換えると，

$$X = X_0 \sin(\omega t - \delta) \tag{6.32}$$

となる.

伝達関数は角振動数 ω に応じて変化する．横軸を角振動数または周波数として，ゲインと位相をグラフで表示したものをボード線図とよび，伝達特性の特徴を表す指標として用いられる．図 6.16 はゲインと位相のボード線図で，固有振動数 ω_n，減衰比 ζ，位相遅れの特性などを把握することができる.

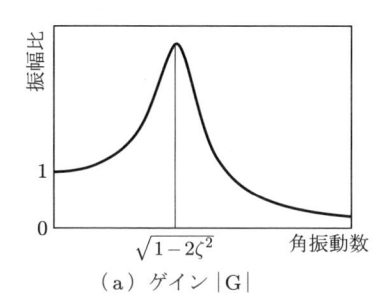

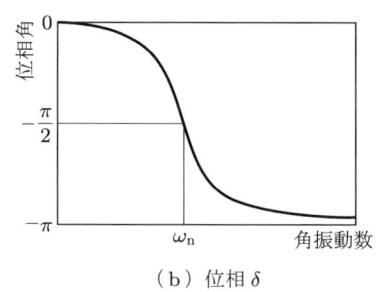

(a) ゲイン $|G|$

(b) 位相 δ

図 6.16 ボード線図

例題 6.4

ばね定数 $k = 20$ N/mm のばねと，減衰係数 $c = 2$ Ns/mm のダンパーが並列に配置されている．点 P を振幅 $F_A = 100$ N，周波数 $f = 5$ Hz の力 F で加振したとき，点 P の振幅 A はいくらか．

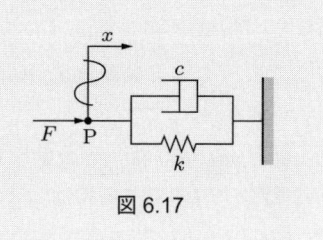

図 6.17

解

角速度を ω とすると，

$$\omega = 2\pi f = 31.4 \text{ rad/s}$$

となり，点 P の変位を x とすると，

$$F = c\dot{x} + kx$$

となる．ラプラス変換して，入力を F，出力を X とするときの伝達関数 G とすると，次のように振幅 A が求められる．

$$G = \frac{X}{F} = \frac{1}{cs+k} \quad \text{より,} \quad |G| = \left|\frac{1}{jc\omega+k}\right| = 0.015$$

したがって，次の式が導かれる．

$$A = F_A \times |G| = 1.5 \text{ mm}$$

振幅と位相の関係

お祭りの屋台でゴムひものついた風船のヨーヨーを売っている．風船を上下させる振動数によって風船の動きが変化する．これは，図 6.16 のゲインと位相のグラフに一致する．

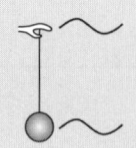

ゆっくり上下すると，手と風船が一体で動く．

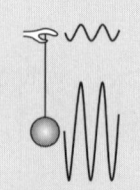

ある振動数で上下すると，風船は激しく動く．（固有振動数）

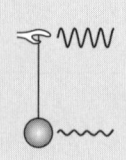

早く振動させると，風船はほとんど動かない．

図 6.18

演習問題

6.1 図 6.19 (a) の固有振動数 f_a が 15 Hz であるとき，(b) および (c) の固有振動数 f_b, f_c はそれぞれいくらか．

6.2 図 6.20 の固有振動数 f_n はいくらか．ただし，$m = 4$ kg, $l_1 = 0.3$ m, $l_2 = 0.5$ m, $k = 2000$ N/m とする．

6.3 質量 $m = 400$ kg, ばね定数 $k = 20000$ N/m の 1 自由度系にダンパーを取り付ける．減衰比 ζ を 0.3 にするには，減衰係数 c をいくらにすればよいか．

6.4 図 6.21 に示す質量 $m = 40$ kg, ばね定数 $k = 2500$ N/m の系を振幅 $A = 0.02$ m, 周波数 $f = 1$ Hz の正弦波で加振する．定常状態での変位 x の振幅はいくらか．

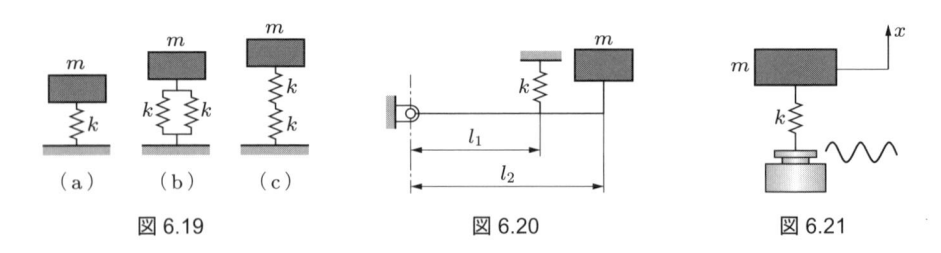

図 6.19

図 6.20

図 6.21

第7章

駆動と制動の運動

自動車の駆動には前輪駆動，後輪駆動，4輪駆動の三つの方式があり，加速性能や登坂性能に関係する．ブレーキは4輪すべてに作用するが，前輪と後輪の制動配分を考えて設計する．駆動も制動も，4輪のタイヤ摩擦力が重要な要素となる．

7.1 加速と登坂の運動

車両の加速や登坂の性能は，駆動方式や車両重心位置などに関係する．車両に作用する力と力のモーメントのつり合いから，加速と登坂の運動を学ぶ．

7.1.1 最大加速度

車両が停止した状態からアクセルペダルを全開して発進加速をテストする方法には，停車位置から 400 m 到達地点までの時間を計測するゼロヨン加速などの方法がある．**最大加速度**は，パワートレインの出力限界や接地路面との摩擦による駆動力のいずれかで決定されるが，ここではパワートレインの出力が十分大きいとして考える．

前輪駆動車が駆動力 F で発進する場合を図 7.1 に示す．車両質量を m，加速度を a とすると，$F = ma$ の関係が成り立つ．このとき，車両重心に大きさが ma で後ろ向きの慣性力 U が作用する．慣性力が作用すると前後輪のタイヤ荷重が変化して，力

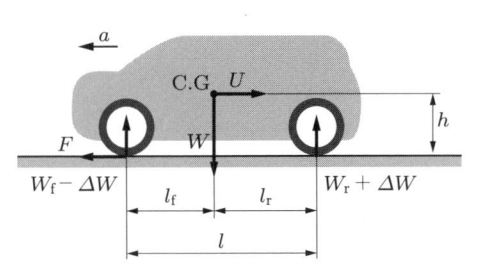

m ：車両質量
W ：車両質量 (mg)
l ：ホイールベース
l_f ：重心〜前輪中心距離
l_r ：重心〜後輪中心距離
W_f ：前輪荷重(静止時)
W_r ：後輪荷重(静止時)
h ：重心高さ
U ：慣性力

図 7.1 加速する車両 (前輪駆動車)

の平衡状態ができる．前輪タイヤ荷重は減少して後輪タイヤ荷重は増加し，その増減分 ΔW は一致する．荷重が移動するようにみえるため，この現象を**荷重移動**という．力のモーメントのつり合いより，荷重移動 ΔW は以下の式で表すことができる．ただし，$\Delta W > 0$ とし，重心高さ h は一定とする．

$$\Delta W = U\frac{h}{l} = \frac{mah}{l} \tag{7.1}$$

慣性力 U が作用するときの車両前後輪の荷重を W_F，W_R とすると，次のようになる．

$$W_\mathrm{F} = W_\mathrm{f} - \Delta W = \frac{m(l_\mathrm{r}g - ha)}{l} \tag{7.2}$$

$$W_\mathrm{R} = W_\mathrm{r} + \Delta W = \frac{m(l_\mathrm{f}g + ha)}{l} \tag{7.3}$$

車両の加速度は駆動力の大きさに比例して大きくなり，駆動力はタイヤと路面との摩擦力に依存する．摩擦係数を μ とすると荷重と抗力は等しく，前輪駆動車では次式の関係が成り立つ．

$$F = ma = \mu W_\mathrm{F} \tag{7.4}$$

これより，次式に示す最大加速度 a を導くことができる．

$$a = \frac{\mu W_\mathrm{F}}{m} = \frac{\mu l_\mathrm{r}g}{l + \mu h} \tag{7.5}$$

同様に，後輪駆動車では，後輪荷重と摩擦係数を用いると，最大加速性能 a は以下の式になる．

$$F = \mu W_\mathrm{R} \tag{7.6}$$

$$a = \frac{\mu l_\mathrm{f}g}{l - \mu h} \tag{7.7}$$

後輪駆動車は，荷重移動が前輪荷重よりも大きくなると前輪が浮いた状態になり，後転の危険がある．したがって，$W_\mathrm{F} > 0$ が条件となり，加速度は次式を満足することが必要である．

$$a \leq \frac{l_\mathrm{r}}{h}g \tag{7.8}$$

4輪駆動車は，荷重移動に無関係で，最大加速度は摩擦係数のみに依存する．

$$F = \mu mg \tag{7.9}$$

$$a = \mu g \tag{7.10}$$

また，4輪駆動車も前輪荷重 $W_\mathrm{F} > 0$ の条件を満足する必要がある．

以上の駆動方式の違いによる最大加速度の関係をまとめると，表7.1になる．

7.1 加速と登坂の運動

表 7.1 駆動方式と最大加速度

前輪駆動車	後輪駆動車	4 輪駆動車
$a = \dfrac{\mu l_r g}{l + \mu h}$	$a = \dfrac{\mu l_f g}{l - \mu h} \leq \dfrac{l_r g}{h}$	$a = \mu g \leq \dfrac{l_r g}{h}$

例題 7.1
前後輪の荷重が $W_f = 8000$ N,$W_r = 7000$ N,ホイールベース $l = 2.7$ m,重心高さ $h = 0.5$ m の車両がある.路面とタイヤの摩擦係数 μ が 0.7,エンジンのパワーが十分に大きいとして,前輪駆動,後輪駆動,4 輪駆動の最大加速度を g で表せ.

解
前後輪の荷重より,前後輪から重心までの距離を求める.

$$l_f = \frac{lW_r}{W} = 1.26 \text{ m}, \quad l_r = \frac{lW_f}{W} = 1.44 \text{ m}$$

式 (7.5),(7.7),(7.10) および,表 7.1 より,それぞれの最大加速度は次のようになる.

前輪駆動車: $a = \dfrac{\mu l_r g}{l + \mu h} = 0.33g$

後輪駆動車: $a = \dfrac{\mu l_f g}{l - \mu h} = 0.38g$

4 輪駆動車: $a = \mu g = 0.7g$

なお,後輪駆動車と 4 輪駆動車はともに後転防止の条件($2.4g$ 以下)を満足している.

7.1.2 最大登坂角

車両が登坂できる最大角度を最大登坂角とよぶ.最大加速度と同様に,パワートレインの出力が十分大きい場合について,最大登坂角を考える.

図 7.2 は,前輪駆動車が傾斜面を登坂する場合を示す.「3.2 車両の重心」で重心高さを求めた方法と同様に,傾斜面に置かれた車両には荷重移動(ΔW)が発生する.前輪の駆動力を F,タイヤと路面との摩擦係数を μ とし,後輪はフリーに回転して車両が登ることのできる最大登坂角 θ を求める.

傾斜面に沿った方向を基準として考えると,駆動力 F が以下の条件のときに登坂することができる.

$$F \geq W \sin\theta \tag{7.11}$$

前後輪タイヤの斜面に垂直方向に作用する抗力を N_F,N_R とすると,

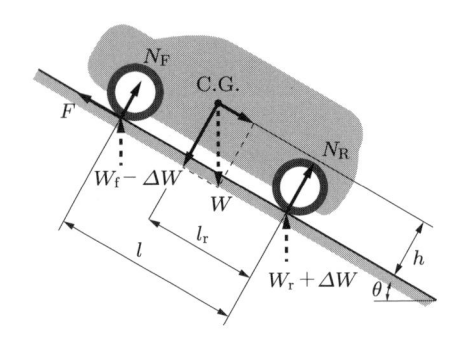

図 7.2　登坂する車両 (前輪駆動車)

$$N_\mathrm{F} = (W_\mathrm{f} - \Delta W)\cos\theta \tag{7.12}$$

$$N_\mathrm{R} = (W_\mathrm{r} + \Delta W)\cos\theta \tag{7.13}$$

となる．後輪接地点を中心とする力のモーメントのつり合いの式は次式で示される．ただし，重心高さ h は一定とする．

$$N_\mathrm{F} l - W(l_\mathrm{r}\cos\theta - h\sin\theta) = 0 \tag{7.14}$$

これより，荷重移動 ΔW は次式となる．

$$\Delta W = \frac{h}{l} W \tan\theta \tag{7.15}$$

また，前後輪の抗力も導くことができる．

$$N_\mathrm{F} = \frac{W}{l}(l_\mathrm{r}\cos\theta - h\sin\theta) \tag{7.16}$$

$$N_\mathrm{R} = \frac{W}{l}(l_\mathrm{r}\cos\theta + h\sin\theta) \tag{7.17}$$

パワートレインの出力が十分大きい場合，前輪駆動車の駆動力 F は，抗力 N_F と摩擦係数 μ を用いて次式で示される．

$$F = \mu N_\mathrm{F} \geq W\sin\theta \tag{7.18}$$

これより，前輪駆動車が登坂できる最大角 θ は，

$$\tan\theta = \frac{\mu l_\mathrm{r}}{l + \mu h} \tag{7.19}$$

となる．

同様の手順で，後輪駆動車の最大登坂角を求める．前輪は拘束なしにフリーで回転するとすれば，後輪駆動車の駆動力 F が下記条件のときに斜面を登ることができる．

$$F = \mu N_\mathrm{R} \geq W\sin\theta \tag{7.20}$$

$$\tan\theta = \frac{\mu l_\mathrm{f}}{l - \mu h} \tag{7.21}$$

また，後輪駆動車が後転しないで登坂するためには，前輪抗力 N_F が正であることが必要である．

$$\tan\theta \leq \frac{l_\mathrm{r}}{h} \tag{7.22}$$

4輪駆動車の登坂の条件は，

$$F = \mu W \cos\theta \geq W \sin\theta \tag{7.23}$$
$$\tan\theta = \mu \tag{7.24}$$

となり，最大登坂角は摩擦角に一致する．また，4輪駆動車も式 (7.22) の条件を満足する必要がある．

駆動方式と最大加速度の関係をまとめると，表 7.2 になる．また，本書では道路の傾斜を正接の値 ($\tan\theta$) で表したが，角度 (θ) や百分率による $100 \times \tan\theta$ [%] などで表現される場合もある．

表 7.2 駆動方式と最大登坂角

前輪駆動車	後輪駆動車	4輪駆動車
$\tan\theta = \dfrac{\mu l_\mathrm{r}}{l + \mu h}$	$\tan\theta = \dfrac{\mu l_\mathrm{f}}{l - \mu h} \leq \dfrac{l_\mathrm{r}}{h}$	$\tan\theta = \mu \leq \dfrac{l_\mathrm{r}}{h}$

> **例題 7.2**
> 重心から前輪までの距離が $l_\mathrm{f} = 1.2$ m，重心から後輪までの距離が $l_\mathrm{r} = 1.5$ m，重心高さ $h = 0.6$ m の車両がある．路面とタイヤの動摩擦摩擦係数 μ が 0.8，エンジンのパワーが十分に大きいとして，前輪駆動，後輪駆動，4輪駆動の最大登坂角 θ をそれぞれ求めよ．

解

式 (7.18), (7.21), (7.24) より，それぞれ次のようになる．

前輪駆動車： $\tan\theta = \dfrac{\mu l_\mathrm{r}}{l + \mu h} = 0.38$ より， $\theta = 20.8°$

後輪駆動車： $\tan\theta = \dfrac{\mu l_\mathrm{f}}{l - \mu h} = 0.43$ より， $\theta = 23.3°$

4輪駆動車： $\tan\theta = \mu = 0.8$ より， $\theta = 38.7°$

なお，後輪駆動車と 4輪駆動車は，後転しない条件をともに満足している．

慣性力

　自動車では，加速度の大きさを g で表すことが多い．日常運転での発進や減速の加速度は $0.3g$ 以下がほとんどで，急加速や急ブレーキの場合には $0.6 \sim 0.8g$ になることもある．$0.3g$ の加速度が発生しているとすれば，乗員には体重の 0.3 倍の慣性力が作用する．つまり，自分の体重と慣性力とを比較してみれば，自動車の加速度を推測することができる．F1 では加速は $1.5g$，減速は $4g$ 以上の加速度が発生する．戦闘機での最大加速度は $9g$．なんと体重の 9 倍の力に耐えなければならない．

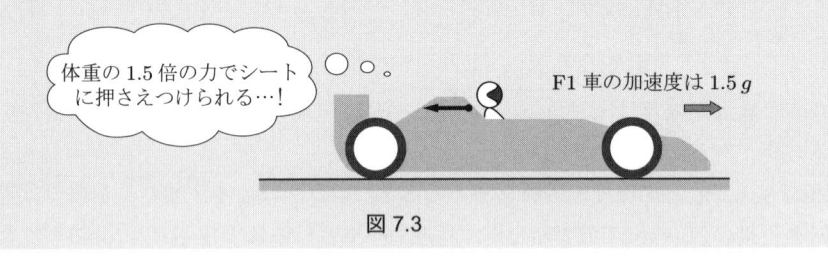

体重の 1.5 倍の力でシートに押さえつけられる…！

F1 車の加速度は $1.5\,g$

図 7.3

7.2 制動の運動

　ドライバーはブレーキペダルを操作し，タイヤと路面との摩擦係数を調整することで車両の減速度や制動距離を自在にコントロールすることができる．本節では，ディスクブレーキを題材にして，制動の力学やブレーキ設計の基礎を学ぶ．

7.2.1 制動力と制動距離

　制動力の発生のしくみを理解するには，図 7.4 に示すパッドとロータとの摩擦力と，転動するタイヤと路面との摩擦力の関係を知ることが重要である．さらに，制動力や減速度，制動距離の関係について解説する．

ペダル踏力と制動力

　走行中にドライバーがブレーキペダルを踏み込むと，油圧を介してパッドはロータに押し付けられる．パッドは車体側に固定され，ロータはタイヤとともに回転するから，ブレーキが作動すると，「パッドとロータ」および「タイヤと路面」の間に二つの摩擦が発生する（図 7.4）．

　パッドとロータの摩擦により，タイヤには回転方向と逆向きにトルク T_r が作用する．このため，タイヤの回転速度が低下して路面との間にスリップが生じ，このスリップに応じて制動力 B が発生する．タイヤ半径を r とすると，制動力により，次式に示す回転方向と同方向のトルク T_B がタイヤに作用する．

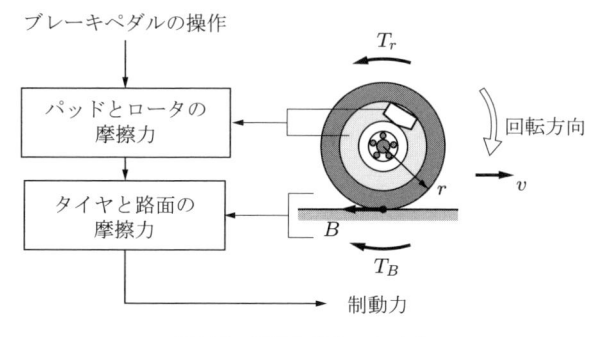

図 7.4　制動力発生のしくみ

$$T_B = Br \tag{7.25}$$

速度 v で減速中のタイヤと路面とのスリップは,「4.2 タイヤの前後力」に示したスリップ比 s として次式で定義される.

$$s = \frac{v - r\omega}{v} \tag{4.10}$$

ここに, ω はタイヤの回転角速度である.

図 7.5 は, 制動時のスリップ比と摩擦係数の関係を示したものである. 制動力は, 摩擦係数にタイヤ荷重を掛けて求められ, 制動力もこのグラフと同様に変化する. 通常使用域は, 日常の運転で使用する領域で, スリップ比と摩擦係数との関係が線形である. このため, ブレーキペダルの操作により制動力がコントロールしやすい. 緊急時使用域は, 事故回避などの急ブレーキで大きな制動力が必要な場合に使用される. スリップ比と制動力との関係は非線形となるため, ブレーキペダルで制動力を微妙に

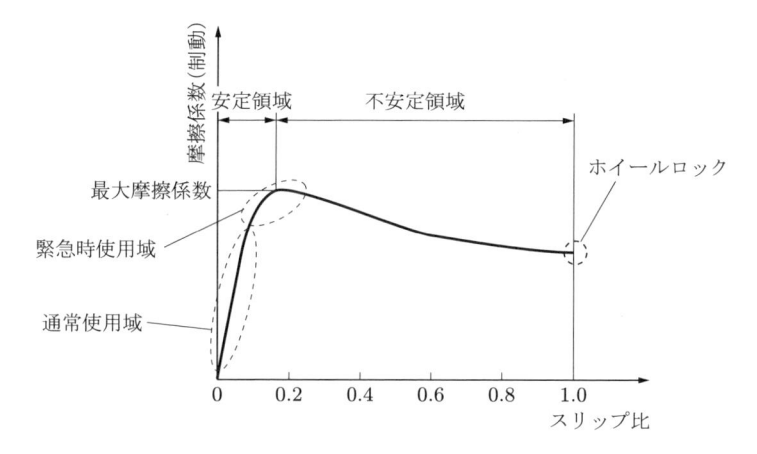

図 7.5　制動時のスリップ比と摩擦係数の関係

コントロールすることはむずかしい．スリップ比が0.1～0.2で摩擦係数は最大となり，この値よりも小さい領域は，スリップ比が大きくなれば摩擦係数も大きくなり安定な領域である．この値よりも大きい領域は，スリップ比の増大とともに摩擦係数は減少する不安定な領域である．

パッドとロータ間の摩擦力によってタイヤに作用するトルク T_r と，制動力 B によってタイヤに作用するトルク T_B とは，方向が反対で，その大きさは逐次変動する．T_r, T_B と制動力 B との関係は，以下のようにまとめられる．

- $T_r > T_B$ のとき（ブレーキペダルを踏み込む）
    - 安定領域では，スリップ比が増大して制動力が増大する．
    - 不安定領域では，制動力が低下してホイールロックにいたる．
- $T_r = T_B$ のとき（ブレーキペダルを保持する）
    - スリップ比，摩擦係数が一定で，制動力も一定値となる．
- $T_r < T_B$ のとき（ブレーキペダルを戻す）
    - 安定領域では，スリップ比が減少して制動力も減少する．
    - 不安定領域では，ペダルを戻すと制動力が増大する．

ロータとタイヤの仕事率

暑い日に長い下り坂でブレーキを繰り返し使用し続けると，ブレーキは過熱する．ブレーキの設計要件には，苛酷に使用した場合に摩擦係数が低下するフェードや，ブレーキ液が沸騰してブレーキが効きにくくなるベーパーロックの防止が考慮される．繰り返してブレーキを使うと，ブレーキ部品は過熱するが，タイヤはブレーキほど熱くならない理由は，仕事率の比較により説明することができる．

パッドとロータの摩擦力がする仕事率を P_r とすると，式 (5.45) より，

$$P_r = T_r \omega \tag{7.26}$$

となる．スリップ比 s を用いて表現すると，以下の式になる．

$$P_r = T_r \frac{v(1-s)}{r} \tag{7.27}$$

同様に，タイヤと路面間の制動力がする仕事率を P_B とおくと，以下が成り立つ．

$$P_B = B(v - r\omega) = T_B \frac{sv}{r} \tag{7.28}$$

ブレーキはほとんどの場合，安定領域で使用されるため，スリップ比 s は 0.1～0.2 よりも小さい．したがって，仕事率の大きさを比較すると，タイヤと路面とがする仕事率 P_B よりもパッドとロータがする仕事率 P_r のほうがはるかに大きい．したがって，発熱量にも大きな差が生じる．このようなしくみで，運動エネルギーを熱エネルギーに変換して，ブレーキは車両を減速させている．

一定の減速度でブレーキペダルを保持する状態では，$T_r = T_B$ であるから，式 (7.27)，(7.28) より，二つの仕事率を足し合わせると，次式を導くことができる．

$$P_r + P_B = T_r \frac{v(1-s)}{r} + T_B \frac{sv}{r} = Bv \tag{7.29}$$

これより，「パッドとロータの摩擦」と「タイヤと路面との摩擦」を合わせた仕事率は，車両全体を一つの系と考えた仕事率に等しいことがわかる（図 7.6）．

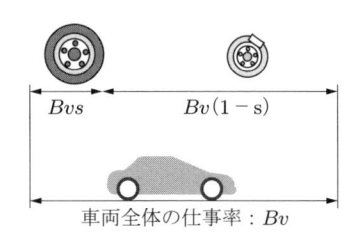

図 7.6 ブレーキの仕事率 (一定減速時)

制動距離

単輪モデルを用いて速度 v から一定の割合で減速し，距離 L だけ移動して静止する場合を考える（図 7.7）．タイヤと路面の状態が均一でスリップ比が一定とすると，転動するタイヤと路面との摩擦係数 μ は一定値となる．制動力を B，車両の質量を m とすると，車両に作用する抗力は mg であるから，制動力は次式となる．

$$B = \mu m g \tag{7.30}$$

減速度 a の大きさは，

$$a = \mu g \tag{7.31}$$

より，制動時間を t とすれば，図 7.8 の速度グラフで表示される．また，

$$a = \frac{v}{t} \tag{7.32}$$

なので，制動距離 L は図の三角形の面積から求めることができる．

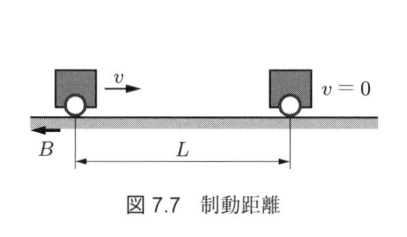

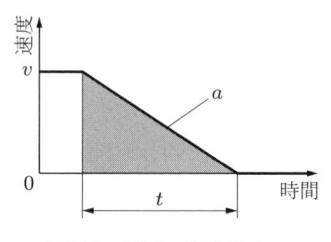

図 7.7 制動距離

図 7.8 減速の速度グラフ

$$L = \frac{vt}{2} = \frac{v^2}{2a} = \frac{v^2}{2\mu g} \tag{7.33}$$

制動距離 L は，制動力のする仕事から導くこともできる．制動力がする仕事 BL は，速度 v で走行する車両の運動エネルギー $mv^2/2$ に等しく，「5.1 力学的エネルギー」の考え方を用いれば，式 (7.33) を導くことができる．

> **例題 7.3**
> 車両が速度 $v = 90$ km/h で走行している．路面とタイヤとの摩擦係数 $\mu = 0.7$ が一定のとき，停止するまでの距離 L はいくらか．仕事とエネルギーの関係から導け．
>
> **解**
> 車両の質量を m とすると，ブレーキ力は
> $$B = \mu mg$$
> となる．ブレーキのする仕事と運動エネルギーは等しいから，距離 L を求めることができる．
> $$BL = \frac{1}{2}mv^2 \quad \text{よって，} \quad L = \frac{v^2}{2\mu g} = 45.6 \text{ m}$$

7.2.2 制動力の配分

車両がブレーキをかけると，前向きの慣性力が作用して，前輪タイヤは荷重が増大し，後輪タイヤは荷重が減少する．ブレーキを効率よく安全に作動させるためには，減速による荷重移動を考慮する必要がある．近年では，ABS（11 章参照）を装備した車両が一般的であるが，ここではブレーキ本来の機能を理解するため，ABS のない旧来のブレーキを考える．

実制動力と理想制動力

前後輪の制動力の比は，パッドの材料やロータサイズなどの個々のブレーキ部品の性能で決定される．この関係をグラフで表示すると，図 7.9 の**実制動力配分線**として示すことができる．

車両の質量を m，前後輪の制動力をそれぞれ B_f, B_r とすると，制動力と減速度 a との関係は次式となる．

$$B_\mathrm{f} + B_\mathrm{r} = ma \tag{7.34}$$

これより，減速度 a を一定としたときの前後輪の制動力の関係として，**等減速度線**が得られる（図 7.9）．

7.2 制動の運動

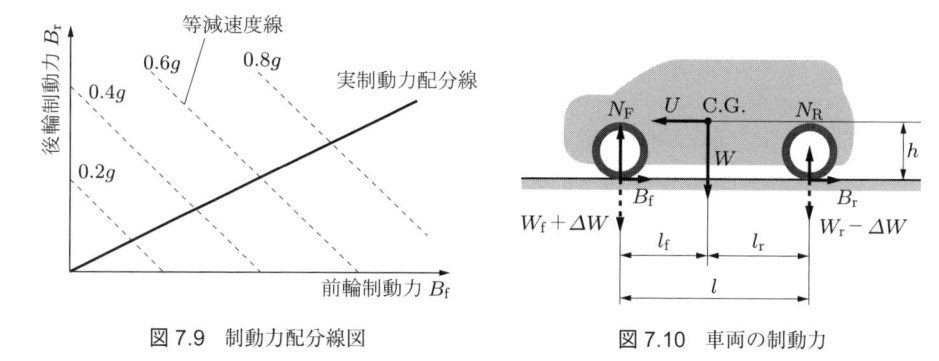

図 7.9 制動力配分線図

図 7.10 車両の制動力

車両が減速度 a で減速すると，車両前方に大きさ ma の慣性力 U が作用し，荷重移動が発生する（図 7.10）．荷重移動を ΔW とすると，力のモーメントのつり合いより次式が導かれる．

$$\Delta W = U\frac{h}{l} = \frac{mah}{l} \tag{7.35}$$

制動力はタイヤと路面との摩擦力であるから，制動力を効率的に作用させるには，動的な荷重移動 ΔW を考慮する必要がある．前輪と後輪の制動力 B_f, B_r をそれぞれの動的荷重に比例させると，次式が得られる．

$$\frac{B_\mathrm{r}}{B_\mathrm{f}} = \frac{W_\mathrm{r} - \Delta W}{W_\mathrm{f} + \Delta W} = \frac{l_\mathrm{f} g - ha}{l_\mathrm{r} g + ha} \tag{7.36}$$

荷重移動を考慮して前後輪の制動力を配分する方法を，**理想制動力配分**とよぶ．この関係は，式 (7.34)，(7.36) より，減速度 a を変化させ，図 7.11 の実線で示すことができる．

このグラフの理想制動力配分線よりも上の領域は，リアタイヤが限界を超えて車両がスピン（spin）する危険があり，下の領域は，フロントタイヤが限界を超えるため曲がることができないプロー（plow）になる危険がある．プローよりもスピンのほうが危険であるため，実際の制動力（実制動力）は，図 7.11 の破線で示すように，理想

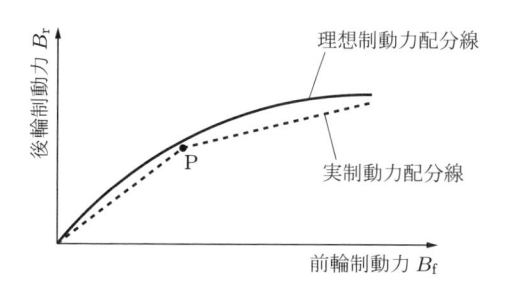

図 7.11 理想制動力配分

制動力に対して前輪制動力側（下の領域）に設計する．従来は，圧力バルブによりリア側の圧力を小さくし，点Pのような折れ点を設けて理想制動力配分線よりも常に下側になる配分としていたが，近年では電子制御によって前後輪の制動力配分をコントロールするようになった．

ロック限界

理想制動力配分は，前後輪が同時に限界に達する場合を示すが，前後輪のうち一方は限界に達しているが，他方は限界に達していない場合が実際には多い．この状態を**ロック限界**とよび，前後輪それぞれにロック限界がある．

まず，前輪ロック限界を考える．前輪タイヤと路面との摩擦が最大摩擦係数 μ_c に達し，後輪タイヤと路面との摩擦係数が μ_c 以下の状態である（図 7.12）．荷重移動 ΔW を考慮すると，摩擦係数が μ_c のとき前輪制動力 B_f は次式となる．

$$B_f = \mu_c (W_f + \Delta W) \tag{7.37}$$

一方，荷重移動 ΔW は，式 (7.34)，(7.35) より，

$$\Delta W = (B_f + B_r) \frac{h}{l} \tag{7.38}$$

となる．これより，

$$B_r = \frac{l - \mu_c h}{\mu_c h} B_f - \frac{l}{h} W_f \tag{7.39}$$

が導かれる．グラフで表示すると図 7.13 の直線 AC となり，この直線を**前輪ロック限界線**とよぶ．後輪制動力が 0 の場合（$\mu = 0$）が点 A であり，最大の場合（$\mu = \mu_c$）が点 C となる．

同様に，後輪ロック限界は，後輪タイヤと路面との最大摩擦係数 μ_c を保持したまま制動する場合を考える．後輪制動力は，次式となる．

$$B_r = \mu_c (W_r - \Delta W) \tag{7.40}$$

式 (7.38) を用いて整理すると，次式が導かれる．

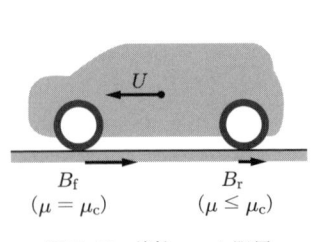

図 7.12　前輪ロック限界

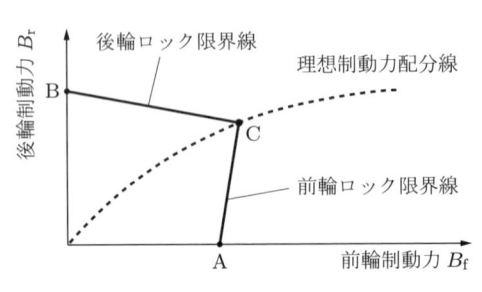

図 7.13　ロック限界線

$$B_\mathrm{r} = -\frac{\mu_\mathrm{c} h}{l + \mu_\mathrm{c} h} B_\mathrm{f} + \frac{\mu_\mathrm{c} l}{l + \mu_\mathrm{c} h} W_\mathrm{r} \tag{7.41}$$

これは，後輪制動力 B_r を最大 ($\mu = \mu_\mathrm{c}$) としたときに前輪制動力 B_f を変化させた場合 ($\mu = 0 \sim \mu_\mathrm{c}$) の関係を示し，**後輪ロック限界線**という．前輪制動力 B_f がゼロの場合 ($\mu = 0$) が点 B であり，最大の場合 ($\mu = \mu_\mathrm{c}$) が点 C となる．

前後輪のロック限界線は点 C で交差し，理想制動力配分線上になる．点 C での前後制動力の関係は，次式となる．

$$B_\mathrm{f} + B_\mathrm{r} = \mu_\mathrm{c} W \tag{7.42}$$

例題 7.4

前後輪荷重 $W_\mathrm{f} = 8000$ N, $W_\mathrm{r} = 6500$ N, ホイールベース $l = 2.5$ m，重心高さ $h = 0.5$ m の車両が減速度 $a = 0.4g$ で制動するときの前後輪の制動力 B_f, B_r を求めよ（図 7.14）．

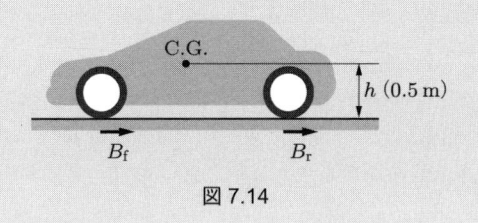

図 7.14

解

車両の質量を m とすると，
$$B_\mathrm{f} + B_\mathrm{r} = ma = 5800 \text{ N}$$
となる．また，荷重移動量を ΔW とすると，
$$\Delta W = \frac{mah}{l} = 1160 \text{ N}$$
が得られる．制動力は荷重に比例するから，次の式が成り立つ．
$$\frac{B_\mathrm{r}}{B_\mathrm{f}} = \frac{W_\mathrm{r} - \Delta W}{W_\mathrm{f} + \Delta W} = 0.58$$
したがって，次が得られる．
$$B_\mathrm{f} = 3670 \text{ N}, \quad B_\mathrm{r} = 2130 \text{ N}$$

制動力配分の影響

洗車していて，ホイールの汚れ方が後輪よりも前輪のほうがひどいと思ったことはないだろうか．これは，理想制動力配分の考え方で示したように，ブレーキはリアよりもフロントを多用する設計になっているため，パッドの摩耗量はフロントのほうが多く，摩耗粉がホイールに付着するためである．

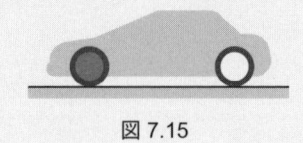

図 7.15

● 演 習 問 題 ●

7.1 4輪駆動車が，角度 $\theta = 10°$，摩擦係数 $\mu = 0.6$ の斜面を登るときの最大加速度 a を g で表せ．パワートレインの出力は十分大きいとする．

7.2 前後輪の荷重が $W_f = 6500$ N, $W_r = 5000$ N, ホイールベース $l = 2.6$ m, 重心高さ $h = 0.5$ m の前輪駆動車がある．路面とタイヤの摩擦係数 μ が 0.7, パワートレインの出力が十分大きいとき，地面から高さ h に取り付けたロープで牽引できる力はいくらか．（図 7.16）

7.3 前後輪の荷重が $W_f = 8000$ N, $W_r = 7000$ N, ホイールベース $l = 2.8$ m, 重心高さ $h = 0.6$ m の車両がある．摩擦係数 $\mu = 0.8$ のとき，後輪のブレーキで駐車できる最大傾斜角 θ はいくらか（図 7.17）．

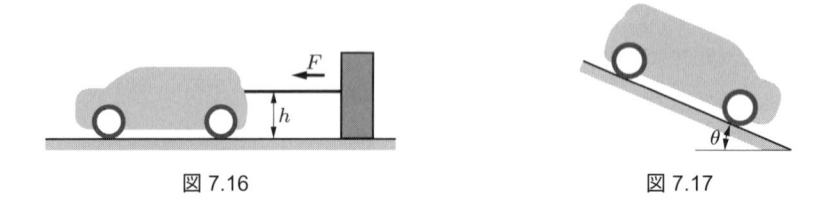

図 7.16

図 7.17

7.4 車速 $v = 72$ km/h で走行する車両がブレーキをかけて一定の減速度で停車した．制動距離が 40 m のとき停車するまでの時間 t はいくらか．

7.5 前後輪から重心までの距離が $W_f = 8000$ N, $W_r = 6000$ N, ホイールベース $l = 2.8$ m, 重心高さ $h = 0.5$ m の車両がある．$0.6g$ で減速するときの前後輪理想制動力 B_f, B_r はいくらか．

第8章

旋回の運動

　ラリー車は，タイヤと車体が別々の方向を向きながらドリフトしてコーナーを走り抜ける．これほど極端ではないが，日常の運転でもカーブを曲がるときに車体は外側や内側を向いていて，車体の向きと進行方向は一致しないことが実は多い．

8.1 極低速の旋回

　馬車の時代には車輪に操舵機構がなかったため，力まかせで方向転換していた．このため，車軸に無理な力がかかり，破損することが多かった．自動車には操舵が必要なため，初期の時代は方向転換しやすい3輪車であったが，安定性が悪くカーブでは横転の危険があった．安定性を確保した4輪で無理なく旋回する方法が，アッカーマンやジャントーが考えた操舵機構である．

　人が歩く程度のゆっくりとした速度を極（ごく）低速とよぶ．車両が極低速で旋回する場合には，遠心力を無視することができる．

8.1.1　旋回半径

3輪車の旋回

　まず，極低速で旋回走行する3輪車を考える．3輪車の前輪に舵角 δ を与えるときの旋回は，図8.1のような幾何学的関係として示すことができる．旋回中心をOとすると，Oは3輪のタイヤ中心からそれぞれタイヤ方向と直角の線上に存在する．すべてのタイヤの進行方向は旋回中心Oに向かって直角方向になり，接地する面の形状にねじれがないため，タイヤはスムーズに回転することができる．前輪旋回半径を R，ホイールベースを l とすると，以下の関係となる．

$$R = \frac{l}{\sin \delta} \tag{8.1}$$

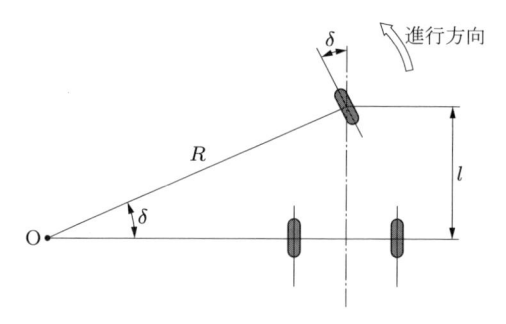

図 8.1　3 輪車の旋回

アッカーマンジオメトリ

4 輪車両が，3 輪車のようにスムーズに旋回するには，旋回中心とタイヤ中心とを結ぶ線とタイヤ方向が直角になるように，左右別々の舵角を設定する必要がある．点 O を旋回中心とすると，4 輪すべてのタイヤの方向が，点 O を旋回中心とした円の接線方向に一致すればよい．この考え方に基づく装置をアッカーマン・ジャントー機構という．また，このような幾何学的関係は**アッカーマンジオメトリ**とよばれる．

図 8.2 に示すように，アッカーマンジオメトリを維持して旋回する車両の内外輪の，旋回半径を R_i, R_o, 舵角を δ_i, δ_o とし，ホイールベースを l とすると，以下の関係が成り立つ．

$$R_i = \frac{l}{\sin \delta_i}, \quad R_o = \frac{l}{\sin \delta_o} \tag{8.2}$$

舵角 δ_i, δ_o が最大のとき，旋回中心から外側前輪までの距離 R_o を**最小回転半径**と

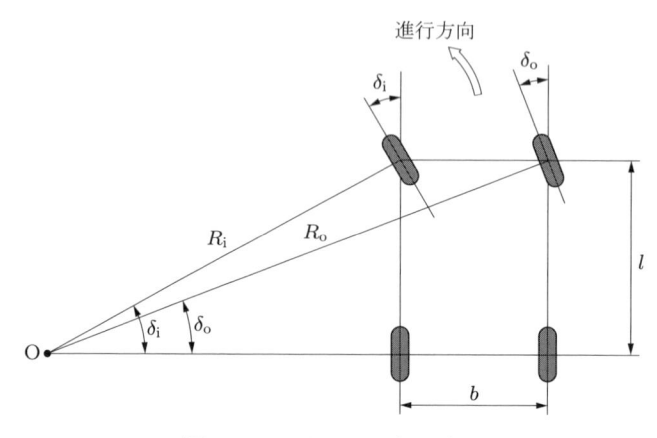

図 8.2　アッカーマンジオメトリ

よび，車両カタログなどではこの値が示される．また，左右輪の中心間距離をトレッドとよび，左右の舵角の差はトレッド b が関係する．

$$R_\mathrm{o} \cos\delta_\mathrm{o} - R_\mathrm{i} \cos\delta_\mathrm{i} = b \tag{8.3}$$

これより，以下の関係のときにアッカーマンジオメトリが成立する．

$$\cot\delta_\mathrm{o} - \cot\delta_\mathrm{i} = \frac{b}{l} \tag{8.4}$$

図 8.3 にアッカーマンジオメトリの関係を示す．左右輪中心から車軸に対してそれぞれの操舵角（δ_i, δ_o）を内角とする三角形を構成し，頂点を P とする．点 P の位置を図のように x, y とすると，舵角との関係は以下の式となる．

$$\cot\delta_\mathrm{i} = \frac{b/2 - x}{y}, \quad \cot\delta_\mathrm{o} = \frac{b/2 + x}{y} \tag{8.5}$$

式 (8.4)，(8.5) から次式が導かれる．点 P は破線上にあり，この破線を理論線という．

$$\frac{x}{y} = \frac{b/2}{l} \tag{8.6}$$

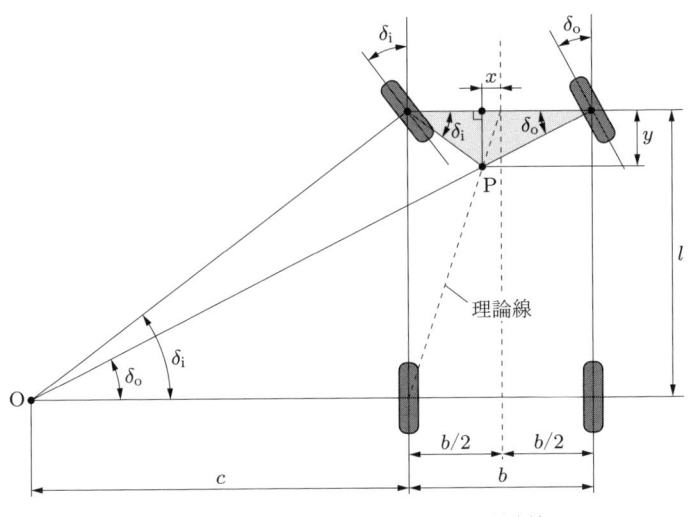

図 8.3 アッカーマンジオメトリーの理論線

実際の車両では，理論線を正確にトレースした理想的なジオメトリを実現させることは困難であるため，さまざまな工夫がなされる．

その代表例が，図 8.4（a）に示す台形リンクである．台形リンクでは，ナックルアームとタイロッドアームを結合するジョイント部分が，タイヤの転舵中心よりも内側に配置され，ナックルアームが逆ハの字になるように設定される．内外輪の舵角を

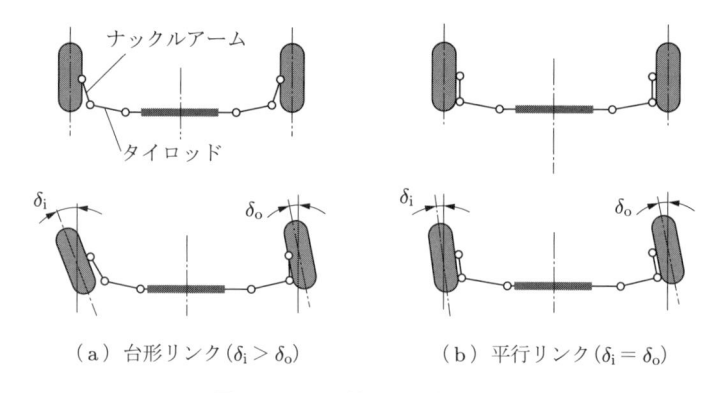

図8.4 リンク構造と舵角の関係

(a) 台形リンク($\delta_i > \delta_o$)　　(b) 平行リンク($\delta_i = \delta_o$)

それぞれ δ_i, δ_o とすると，図 8.4 (b) に示す平行リンクの場合は左右とも同じ舵角 ($\delta_i = \delta_o$) となるが，台形リンクの場合は ($\delta_i > \delta_o$) の関係になる．

内輪と外輪の舵角の関係を図 8.5 に示すことができる．一般の車両では制約があって，アッカーマンジオメトリを正確に実現させることは困難であるが，ほとんどの車両で台形リンクを採用して，アッカーマンジオメトリにできるだけ近づけるように設計している．

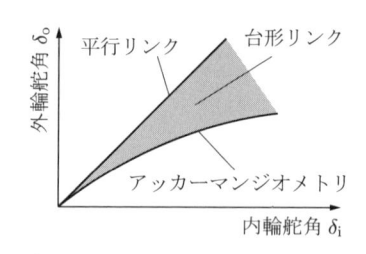

図8.5 内外輪舵角の関係

近似的アッカーマンジオメトリ

一般の台形リンクでは，左右舵角は理想的なアッカーマンジオメトリを満足しない．図 8.6 のように，前輪の内外輪から直角方向に延長した線と，後輪軸を延長した線は 2 点 O_i, O_o で交わる．このような幾何学的関係を **近似的アッカーマンジオメトリ** とよび，実際の旋回中心 O は O_i と O_o の間にあると考え，以下のように近似する．

外側前輪から O_i, O_o までの長さをそれぞれ R_{oi}, R_{oo} とすると，

$$R_{oi} = \sqrt{l^2 + \left(\frac{l}{\tan \delta_i} + b\right)^2} \tag{8.7}$$

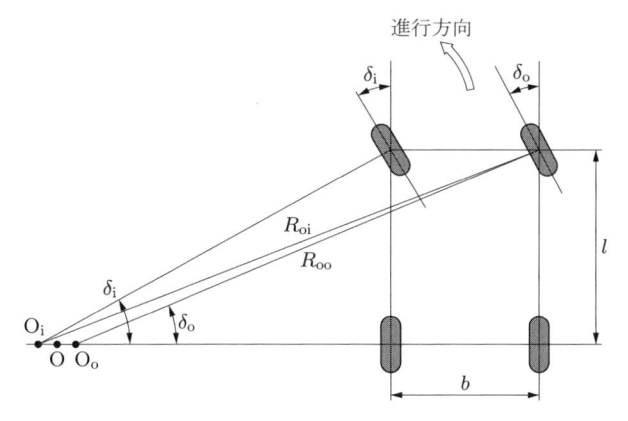

図 8.6 近似的アッカーマンジオメトリ

$$R_{\mathrm{oo}} = \frac{l}{\sin \delta_{\mathrm{o}}} \tag{8.8}$$

となる．旋回中心 O から外側前輪中心までの長さを R_{o} とすると，R_{oi} と R_{oo} の値を平均して，以下の式で近似する．

$$R_{\mathrm{o}} = \frac{R_{\mathrm{oi}} + R_{\mathrm{oo}}}{2} \tag{8.9}$$

舵角 δ_{i}，δ_{o} が最大のときの R_{o} が車両の最小旋回半径となる．近似的アッカーマンジオメトリの旋回中心 O は幾何学的に求めることはできず，また計算方法も簡素であるが，実用的に問題ないと考えてよい．

2 輪モデルによる近似

旋回半径は，図 8.7 のように，2 輪モデルを用いて簡易的に計算することができる．左右輪をまとめて 1 輪と考えモデル化する方法で，内外輪の舵角，δ_{i}，δ_{o} の平均値より，旋回半径 R_{c} を以下のように導く．

$$\delta = \frac{\delta_{\mathrm{i}} + \delta_{\mathrm{o}}}{2} \tag{8.10}$$

$$R_{\mathrm{c}} = \frac{l}{\sin \delta} \tag{8.11}$$

これより，外輪の旋回半径 R_{o} は，以下の式より求める．

$$R_{\mathrm{o}} = \sqrt{l^2 + \left(R_{\mathrm{c}} \cos \delta + \frac{b}{2}\right)^2} \tag{8.12}$$

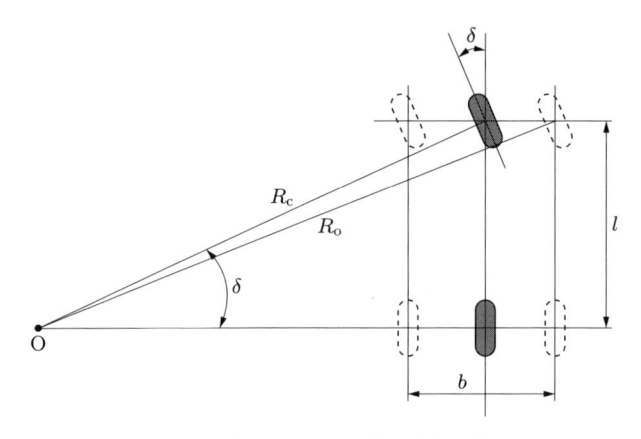

図 8.7 2輪モデルによる旋回半径の近似

> **例題 8.1**
> ホイールベース $l = 2.6$ m，トレッド $b = 1.5$ m の車両がある．内外輪の舵角がそれぞれ $\delta_\text{i} = 35°$，$\delta_\text{o} = 30°$ のとき，以下の方法により旋回半径 R_o を求めよ．
> (1) 4輪モデル　　(2) 2輪モデル

解

(1) 式 (8.7)〜(8.9) より求める．
$$R_\text{oo} = 5.2 \text{ m}, \quad R_\text{oi} = 5.8 \text{ m}$$
$$R_\text{o} = \frac{R_\text{oi} + R_\text{oo}}{2} = 5.5 \text{ m}$$

(2) 式 (8.10)〜(8.12) より求める．
$$R_\text{c} = 4.8 \text{ m}, \quad R_\text{o} = 5.5 \text{ m}$$

8.1.2　内輪差と外輪差

狭い路地や壁が迫っているコーナーを走行するときは，脱輪や干渉を防ぐため，タイヤの旋回軌跡を想定して運転する必要がある．図 8.8 に示すように，内側前輪の描く旋回半径は，内側後輪の旋回半径よりも大きい．この半径の差を**内輪差**という．同様に，外輪前後の半径差を**外輪差**という．

図 8.9 は，ホイールベース l，トレッド b の車両が極低速で旋回する状態を示す．旋回中心を O，旋回中心から前輪の内外輪までの距離を R_i，R_o とすると，内輪差 ΔR_i，外輪差 ΔR_o は次式の幾何学的な関係となる．

$$\Delta R_\text{i} = R_\text{i} - \sqrt{R_\text{i}^2 - l^2}, \quad \Delta R_\text{o} = R_\text{o} - \sqrt{R_\text{o}^2 - l^2} \tag{8.13}$$

8.1 極低速の旋回 105

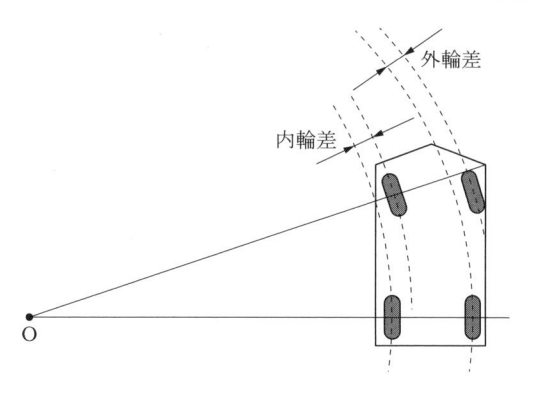

図 8.8 内輪差と外輪差

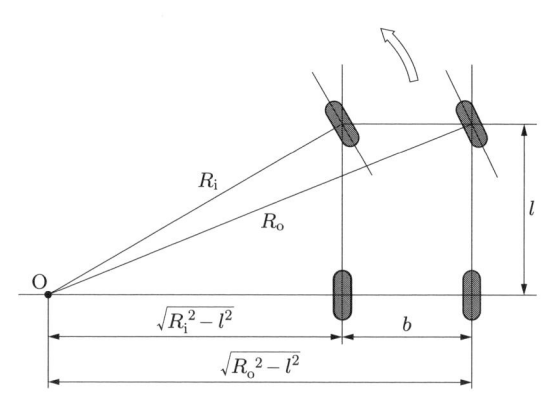

図 8.9 内輪差と外輪差の幾何学的関係

例題 8.2

ホイールベース $l = 2.8$ m,トレッド $b = 1.5$ m の車両がある.前側外輪が半径 $R_\mathrm{o} = 6$ m で旋回するとき,内輪差 ΔR_i と外輪差 ΔR_o はいくらか.

解

前側内輪の旋回半径を R_i とすると,旋回中心から内側後輪までの距離は,

$$\sqrt{R_\mathrm{i}^2 - l^2} = \sqrt{R_\mathrm{o}^2 - l^2} - b = 3.8 \text{ m}$$

である.これより,R_i は 4.7 m で,R_o は 6 m となる.したがって,

$$\Delta R_\mathrm{i} = 0.9 \text{ m}, \quad \Delta R_\mathrm{o} = 0.7 \text{ m}$$

が得られる.

前進駐車と後退駐車

両側に障害物があって駐車スペースが狭いとき，前進よりも後退のほうが退駐しやすい場合がある．旋回半径，旋回中心，内外輪差からその理由を考えてみよう．

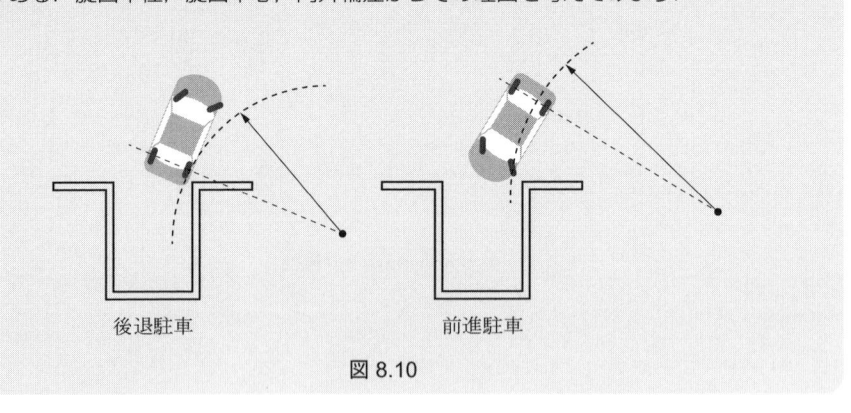

後退駐車　　　前進駐車

図 8.10

8.2 定常円旋回

一定半径の円周上を一定速度で連続的に車両が走行する運動を，**定常円旋回**という（図 8.11）．定常円旋回では，円周を1周する間に車両が1回転する．車両の回転角速度を**ヨーレイト**とよび，定常円旋回ではヨーレイト γ と旋回角速度 ω とが等しい．

$$\gamma = \omega \tag{8.14}$$

車両に乗って旋回すると外向きの**遠心力**を体感する．車両の進行方向は，常に円周の接線方向であるが，車体の方向は必ずしも進行方向と一致しない．つまり，車体は外向きや内向きの状態で旋回する．進行方向と車体方向の角度差を**車体スリップ角**と

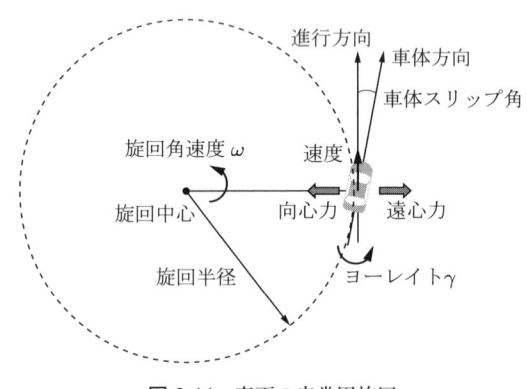

図 8.11　車両の定常円旋回

いう．車体にスリップ角があるため，遠心力の方向は車両の真横ではなく，スリップ角だけ差がある．ただし，通常のスリップ角は小さいため，遠心力などの方向はスリップ角を考慮しないことが多い．

8.2.1 定常円旋回の式

図 8.12 に，定常円旋回する車両 2 輪モデルを示す．遠心力を U，向心力となる前後輪のコーナリングフォースを F_f, F_r とすると，つり合いの式は次式となる．

$$F_\mathrm{f} + F_\mathrm{r} + U = 0 \tag{8.15}$$

$$F_\mathrm{f} l_\mathrm{f} - F_\mathrm{r} l_\mathrm{r} = 0 \tag{8.16}$$

ここに，l_f, l_r は前後輪のホイールセンターから重心までの距離である．これより，前後輪のコーナリングフォースは次式となる．

$$F_\mathrm{f} = -\frac{l_\mathrm{r}}{l}U, \quad F_\mathrm{r} = -\frac{l_\mathrm{f}}{l}U \tag{8.17}$$

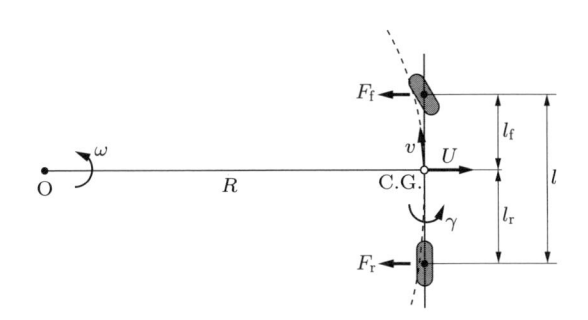

図 8.12 定常円旋回の力のつり合い

速度 v，角速度 ω，ヨーレイト γ，ホイールベース l，旋回中心から重心（C.G.）までの距離を旋回半径 R とすると，定常円旋回の運動は，$\gamma = \omega$ であるから，速度 v は次式となる．

$$v = R\omega = R\gamma \tag{8.18}$$

遠心力 U は，車両の質量を m として，

$$U = -mv\omega = -mv\gamma = -\frac{mv^2}{R} \tag{8.19}$$

となる．

次に，定常円旋回を図 8.13 に示す幾何学的関係から考える．前輪タイヤの進行方向は旋回中心 O と前輪タイヤ中心を結ぶ直線の直角方向である．前輪タイヤの舵角を δ とすると，前輪タイヤの進行方向とタイヤ中心線との角度差がタイヤスリップ角

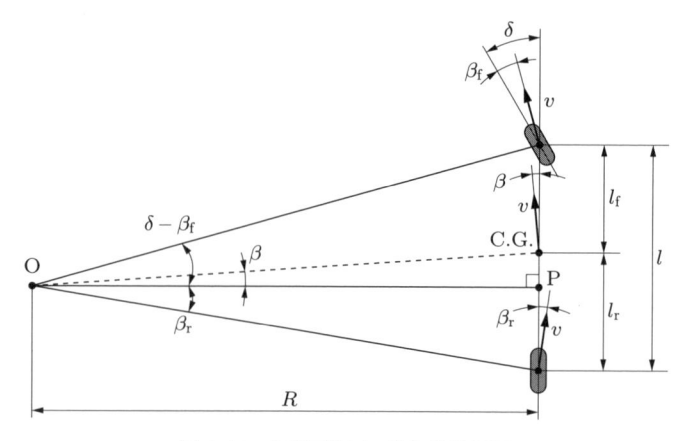

図 8.13 定常円旋回の幾何学的関係

β_f となる．後輪タイヤの進行方向は，旋回中心 O と後輪タイヤ中心を結ぶ直線の直角方向で，後輪のタイヤスリップ角は β_r となる．

前後輪のコーナリングフォースは，左右を合計して考え，前後輪のコーナリングパワーをそれぞれ K_f, K_r としたとき，以下の式で表される．

$$F_f = 2K_f\beta_f, \quad F_r = 2K_r\beta_r \tag{8.20}$$

旋回半径 R とホイールベース l は，$R \gg l$ であり，図に示す角度は十分に小さいと考えれば，以下の関係が成り立つ．

$$\frac{l}{R} = \delta - \beta_f + \beta_r \tag{8.21}$$

$$\frac{l_f}{R} = \delta - \beta_f - \beta \tag{8.22}$$

$$\frac{l_r}{R} = \beta_r + \beta \tag{8.23}$$

これより，前後輪のコーナリングフォースは次式となる．

$$F_f = 2K_f\left(\delta - \beta - \frac{l_f}{R}\right) = 2K_f\left(\delta - \beta - \frac{l_f}{v}\gamma\right) \tag{8.24}$$

$$F_r = 2K_r\left(-\beta + \frac{l_r}{R}\right) = 2K_r\left(-\beta + \frac{l_r}{v}\gamma\right) \tag{8.25}$$

力のつり合いを示す式 (8.15), (8.16) と，幾何学的な関係から導いた式 (8.24), (8.25) を用いると，車体スリップ角 β とヨーレイト γ を変数とする以下の式で，定常円旋回は表現される．

$$2(K_\mathrm{f}+K_\mathrm{r})\beta + \left\{mv + \frac{2(l_\mathrm{f}K_\mathrm{f}-l_\mathrm{r}K_\mathrm{r})}{v}\right\}\gamma = 2K_\mathrm{f}\delta \tag{8.26}$$

$$2(l_\mathrm{f}K_\mathrm{f}-l_\mathrm{r}K_\mathrm{r})\beta + \frac{2(l_\mathrm{f}^2 K_\mathrm{f}+l_\mathrm{r}^2 K_\mathrm{r})}{v}\gamma = 2l_\mathrm{f}K_\mathrm{f}\delta \tag{8.27}$$

また,式 (8.17),(8.19) より前後輪のタイヤスリップ角は以下の式となる.

$$\beta_\mathrm{f} = \frac{F_\mathrm{f}}{2K_\mathrm{f}} = \frac{l_\mathrm{r}}{2lK_\mathrm{f}}\frac{mv^2}{R}, \quad \beta_\mathrm{r} = \frac{F_\mathrm{r}}{2K_\mathrm{r}} = \frac{l_\mathrm{f}}{2lK_\mathrm{r}}\frac{mv^2}{R} \tag{8.28}$$

これより,幾何学的な関係式 (8.21) に代入すれば,旋回半径 R は速度 v の 2 乗の式として導かれる.

$$R = \left(1 - \frac{m(l_\mathrm{f}K_\mathrm{f}-l_\mathrm{r}K_\mathrm{r})}{2l^2 K_\mathrm{f}K_\mathrm{r}}v^2\right)\frac{l}{\delta} \tag{8.29}$$

例題 8.3
前後輪荷重 $W_\mathrm{f} = 9450$ N,$W_\mathrm{r} = 5250$ N,ホイールベース $l = 2.8$ m の車両が,半径 $R = 100$ m の円周を速度 $v = 72$ km/h で旋回するときの前後輪のコーナリングフォース F_f,F_r はいくらか.

解

質量 m,前後輪から重心までの距離を l_f,l_r とすると,

$$m = \frac{W_\mathrm{f}+W_\mathrm{r}}{g} = 1500 \text{ kg}$$

$$l_\mathrm{f} = \frac{W_\mathrm{r}}{W_\mathrm{f}+W_\mathrm{r}}l = 1.0 \text{ m}, \quad l_\mathrm{r} = l - l_\mathrm{f} = 1.8 \text{ m}$$

となる.$l_\mathrm{f}F_\mathrm{f} - l_\mathrm{r}F_\mathrm{r} = 0$,$F_\mathrm{f} + F_\mathrm{r} = mv^2/R = 6000$ N より,

$$F_\mathrm{f} = 3857 \text{ N}, \quad F_\mathrm{r} = 2143 \text{ N}$$

が得られる.

8.2.2 車体スリップ角

定常円旋回を行う車両の車体スリップ角 β は,車速や旋回半径などの走行条件によって変化する.式 (8.23),(8.28) より,β について整理すると,以下の関係を導くことができる.

$$\beta = \frac{1}{R}\left(l_\mathrm{r} - \frac{ml_\mathrm{f}}{2lK_\mathrm{r}}v^2\right) \tag{8.30}$$

この式を用いて,旋回半径 $R = 100$ m の円周上を旋回する車両の車速 v,車体スリップ角 β および向心加速度 a の関係をグラフで表示すると,図 8.14 になる.低速で向心加速度が小さい旋回では,車体スリップ角 β は正,つまり,外向きの姿勢で旋

回する．速度および向心加速度の増大に伴い，車体スリップ角は次第に小さくなる．高速で向心加速度の大きい状態では車体スリップ角は負の値となり，内向き姿勢で旋回する．

また，車体スリップ角 β がゼロになる速度 v_B を求めると次式となる．一般には，車体スリップ角がゼロの場合が運転しやすい車体姿勢であると考えられる．

$$v_B = \sqrt{\frac{2ll_r K_r}{ml_f}} \tag{8.31}$$

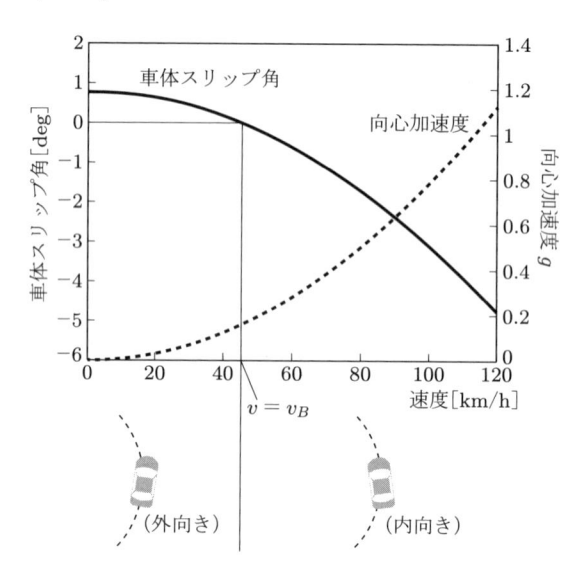

図 8.14 定常円旋回での車体のスリップ角 ($R = 100$ m)

例題 8.4

前後輪荷重 $W_f = 8500$ N，$W_r = 5500$ N，ホイールベース $l = 2.8$ m，タイヤのコーナリングパワーが $K = 700$ N/deg（前後輪共通）の車両が，半径 $R = 100$ m の円周を速度 $v = 90$ km/h で旋回するときの車体スリップ角 β は何度か．

解

$K = 40127$ N/rad，$l_f = 1.1$ m，$l_r = 1.7$ m より，$\beta = -0.027$ rad がわかる．したがって，車体スリップ角は $-1.5°$ となる．

ドリフトによる定常円旋回

後輪駆動力とカウンターステア（逆舵）を用いれば，車体を極端に内側に向けた定常円旋回が可能である．このような走行をドリフト走行という．遠心力は，後輪駆動力とタイヤのコーナリングフォースの中心に向かう力を向心力としてつり合わせる．後輪駆動力に

よる力のモーメントは，カウンターステアによる前輪コーナリングフォースでつり合わせる．さらに，駆動力による前方向の力は，コーナリングフォースの後方向の力とつり合いの状態にする．

力学的には成り立つが，運転には熟練が必要であり，タイヤは著しく摩耗する．

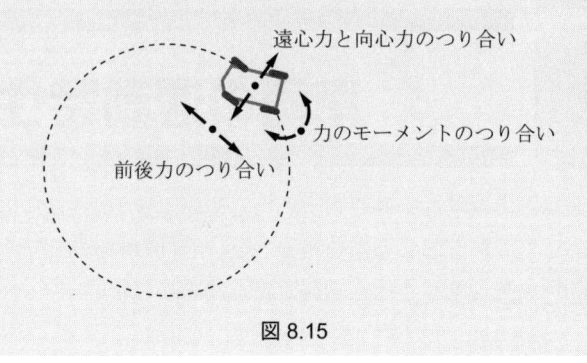

図 8.15

演習問題

8.1 ホイールベース $l=2.5$ m の車両 2 輪モデルが，半径 $R=5$ m の円周を極低速で旋回する．車両中央の車体スリップ角 θ は何度か（図 8.16）．

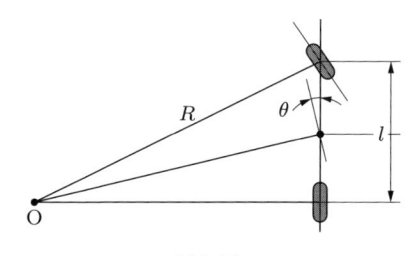

図 8.16

8.2 ホイールベース $l=2.5$ m，トレッド $b=1.4$ m の車両の最小旋回半径 R_o を 5 m に設計したい．アッカーマンジオメトリより，前輪内外輪 δ_i，δ_o の最大舵角を求めよ．

8.3 半径 $R=100$ m の円周上を速度 $v=108$ km/h で定常円旋回する車両のヨーレイト γ はいくらか．

8.4 前後輪荷重 $W_f=8000$ N，$W_r=5000$ N，ホイールベース $l=2.6$ m の車両が速度 $v=72$ km/h で半径 $R=100$ m の円周を定常円旋回するとき，車両に作用する遠心力 U はいくらか．

8.5 前後輪荷重 $W_f=8500$ N，$W_r=5500$ N，ホイールベース $l=2.8$ m，タイヤのコーナリングパワーが $K=700$ N/deg（前後輪共通）の車両が定常円旋回をするとき，車体スリップ角がゼロになる車速 v_B を求めよ．

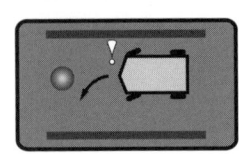

第9章 車両の運動特性

高速走行や雪道などの過酷な条件でも安心して運転できる車もあれば，風や道路の凹凸に敏感に反応して危険を感じる車もある．それぞれの現象にはそれぞれの要因がある．車両の運動特性を理解すると，納得できるかもしれない．

9.1 ステア特性

操舵に関わる車両の運動特性を表す指標に，ステア特性がある．ステア特性を評価する一般的な方法は，定常円旋回の状態から舵角一定で徐々に加速する方法である．図9.1に示すように、速度の増加とともに旋回半径が大きくなっていく特性を**アンダーステア**（US），小さくなるのを**オーバーステア**（OS），変化がないのを**ニュートラルステア**（NS）という．

ニュートラルステアの車両が理論的には運転しやすいが，すべての車両は，安全性を考慮して，弱いアンダーステアの特性に設定されている．

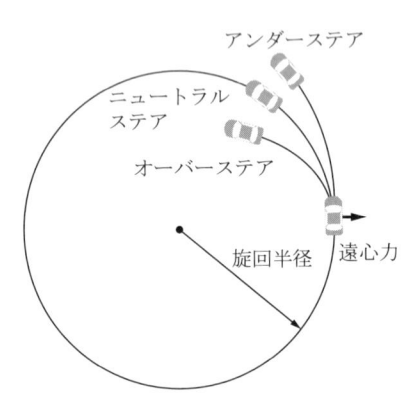

図 9.1　舵角一定で加速する車両の軌跡

9.1.1　ステア特性の指標

ステア特性には，車両質量や重心位置などの車両諸元やタイヤ特性が影響する．これらの特性を数値化して示す代表的な指標に，スタビリティファクターとスタティックマージンがある．

スタビリティファクター

舵角 δ と速度 v を一定にして，半径 R の円周を定常円旋回する質量 m の車両について，速度と半径との関係は「8.2 定常円旋回」で導いた．この関係式を再び示すと，

$$R = \left(1 - \frac{m(l_\mathrm{f} K_\mathrm{f} - l_\mathrm{r} K_\mathrm{r})}{2l^2 K_\mathrm{f} K_\mathrm{r}} v^2 \right) \frac{l}{\delta} \tag{8.29}$$

である．ここに，l はホイールベース，l_f, l_r は前後輪ホイールセンターから重心までの距離，K_f, K_r は前後輪のタイヤコーナリングパワーである．

$$A = -\frac{m(l_\mathrm{f} K_\mathrm{f} - l_\mathrm{r} K_\mathrm{r})}{2l^2 K_\mathrm{f} K_\mathrm{r}} \tag{9.1}$$

とおくと，R は次のように書ける．

$$R = (1 + Av^2) \frac{l}{\delta} \tag{9.2}$$

旋回半径 R の速度 v に対する増減は，A の正負によって決まる．A を**スタビリティファクター**とよび，大きさは特性の強さを示し，正負はステア特性に関係する．

$A > 0$：　アンダーステア
$A < 0$：　オーバーステア
$A = 0$：　ニュートラルステア

ステア特性ごとに速度と旋回半径の関係をグラフで表すと，図 9.2 となる．R_o は，極低速での旋回半径で，ステア特性に無関係に決まる．

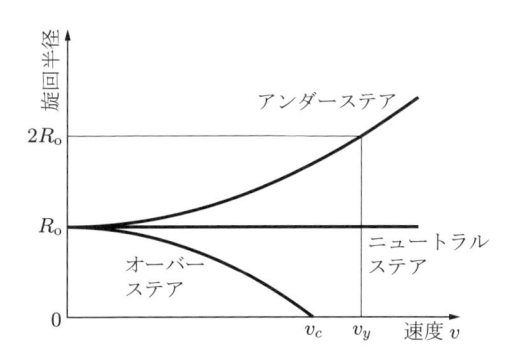

図 9.2　定常円旋回の旋回半径

アンダーステアの車両は，舵角を保持したまま徐々に加速すると，旋回半径が次第に大きくなる．旋回半径が2倍になるときの速度 v_y は次式となる．

$$1 + Av_y^2 = 2 \tag{9.3}$$

$$v_y = \sqrt{\frac{1}{A}} \tag{9.4}$$

ニュートラルステアの車両は，速度と無関係に $R_\circ$ の状態を維持する．

オーバーステアの車両では，速度の増大とともに旋回半径が減少して計算上は負の値になる．旋回半径がゼロになる場合の速度を v_c とおくと，

$$1 + Av_c^2 = 0 \tag{9.5}$$

$$v_c = \sqrt{\frac{1}{-A}} \tag{9.6}$$

となり，オーバーステアの車両には旋回速度に限界がある．

次に，ステア特性とヨーレイトとの関係を考える．定常円旋回における $v = R\gamma$ の関係を用いると，式 (9.2) より以下の関係を導くことができる．

$$\gamma = \frac{v\delta}{(1 + Av^2)l} \tag{9.7}$$

速度とヨーレイトの関係をステア特性ごとにグラフで表すと図 9.3 となる．舵角 δ を一定として徐々に加速するとき，アンダーステアの車両はヨーレイトが徐々に大きくなり，ヨーレイトが最大になる速度が存在する．式 (9.7) を速度で微分すると，次式が得られる．

$$\frac{d\gamma}{dv} = \frac{(1 - Av^2)\delta}{(1 + Av^2)^2 l} \tag{9.8}$$

これより，次式に示す速度のときに，ヨーレイトは最大になる．

$$1 - Av^2 = 0 \tag{9.9}$$

この速度は，式 (9.4) に示す旋回半径が2倍になる速度 v_y に一致する．

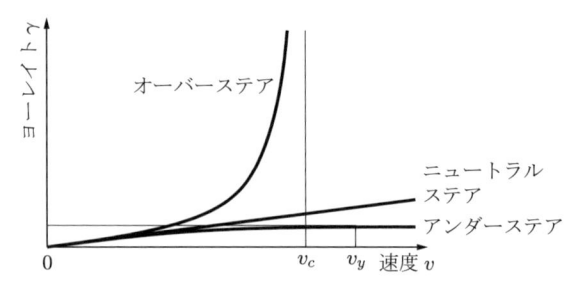

図 9.3 定常円旋回のヨーレイト

ニュートラルステアの車両は，速度に比例してヨーレイトが大きくなる．
オーバーステアの車両は，限界の速度 v_c に近づくにつれてヨーレイトが大きくなり，限界速度 v_c 以上では旋回できない．

> **例題 9.1**
> 極低速で，半径 $R_0 = 50$ m の円周を走行している．この舵角を保持したまま車速 $v = 36$ km/h で走行すると，半径が $R = 56$ m となった．この車両のスタビリティファクター A はいくらか．
>
> **解**
> $$\frac{R}{R_0} = 1 + Av^2 \quad \text{より}, \quad A = \frac{1}{v^2}\left(\frac{R}{R_0} - 1\right) = 0.0012$$

スタティックマージン

車体に横力 ΔF が作用する場合の車両挙動を考える．横力により，車両全体が瞬間的にスリップ角 $\Delta\beta$ だけ変化すると，前後輪のタイヤも $\Delta\beta$ のスリップ角変化が発生する．このときの前後輪のタイヤ横力の変化を ΔF_f，ΔF_r とすると，

$$\Delta F_\mathrm{f} = 2K_\mathrm{f}\Delta\beta, \quad \Delta F_\mathrm{r} = 2K_\mathrm{r}\Delta\beta \tag{9.10}$$

となる．

車体に作用する横力 F の着力点と重心との距離を後方側を正として l_n とおくと，以下の関係が成り立つときに，車体にはヨー角変化が発生しない．

$$(l_\mathrm{f} + l_\mathrm{n})\Delta F_\mathrm{f} = (l_\mathrm{r} - l_\mathrm{n})\Delta F_\mathrm{r} \tag{9.11}$$

$$l_\mathrm{n} = -\frac{l_\mathrm{f}\Delta F_\mathrm{f} - l_\mathrm{r}\Delta F_\mathrm{r}}{\Delta F_\mathrm{f} + \Delta F_\mathrm{r}} = -\frac{l_\mathrm{f}K_\mathrm{f} - l_\mathrm{r}K_\mathrm{r}}{K_\mathrm{f} + K_\mathrm{r}} \tag{9.12}$$

この位置を**ニュートラルステアポイント** (NSP) という（図9.4）．NSP が重心より前方か後方に位置するかは $l_\mathrm{f}K_\mathrm{f} - l_\mathrm{r}K_\mathrm{r}$ の符号に関係し，以下のようにステア特性と関連づけて考えることができる．

$l_\mathrm{n} > 0$ (重心より後方)： アンダーステア
$l_\mathrm{n} < 0$ (重心より前方)： オーバーステア
$l_\mathrm{n} = 0$ (重心と一致)： ニュートラルステア

図9.5のように，直進する車両が重心に右向きの横力を受ける場合，NSP が重心より後方にあるとき（アンダーステアのとき）には，右方向に車両が進み，NSP が重心より前方にあるとき（オーバーステアのとき）には，車両は左方向に進む．これは，

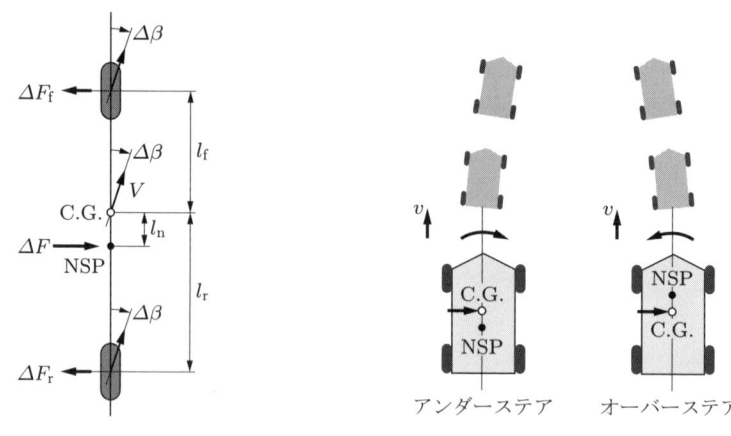

図 9.4 ニュートラルステアポイント (NSP)

図 9.5 NSP とステア特性

図 9.1 に示した定常円旋回で徐々に速度を上げたときに作用する遠心力の方向と，車両の旋回半径の関係に一致する．

l_n をホイールベース l で割って無次元化した値を**スタティックマージン** SM とよび，以下の式で表す．

$$SM = \frac{l_n}{l} = -\frac{l_f K_f - l_r K_r}{l(K_f + K_r)} \tag{9.13}$$

SM は，符号と大きさによりステア特性と関連付けて考えることができる．また，スタビリティファクター A は，SM を用いると以下の式となる．

$$A = \frac{m(K_f + K_r)}{2l K_f K_r} SM \tag{9.14}$$

> **例題 9.2**
> 質量 $m = 1600$ kg，前輪～重心間距離 $l_f = 1.1$ m，後輪～重心間距離 $l_r = 1.6$ m，コーナリングパワー $K = 700$ N/deg（前後輪共通）の車両がある．スタティックマージン SM およびスタビリティファクター A はいくらか．
>
> **解**
> コーナリングパワー K は 40127 N/rad なので，式 (9.13), (9.14) より，$SM = 0.09$, $A = 0.0014$ となる．

9.1.2 サスペンションとステア特性

サスペンションのリンクやアームの配置，ばね，ブッシュなどの要素が変わると，ステア特性は複雑に変化する．ここでは，サスペンションの特性とステア特性との関係を述べる．

ロール剛性

正面からみて車両を左右に傾斜することをロールとよび，車両が定常円旋回運動すると，遠心力 U が作用して車体はロールする（図 9.6）．遠心力 U による力のモーメントは，旋回内輪から外輪への荷重移動 ΔW による路面反力によって発生する力のモーメントと，つり合いの状態になる．ここでは，ロールの回転軸（ロール軸）が路面に水平であると考える．ロール軸から重心までの距離を h とすると，遠心力 U によって発生する力のモーメントは，

$$T = Uh \tag{9.15}$$

となる．T を**ロールモーメント**とよぶ．

トレッドを b とすると，路面反力による力のモーメントは T とつり合うから，

$$T = b\Delta W \tag{9.16}$$

となる．

図 9.6 車体のロール

図 9.7 バーの傾斜と荷重移動

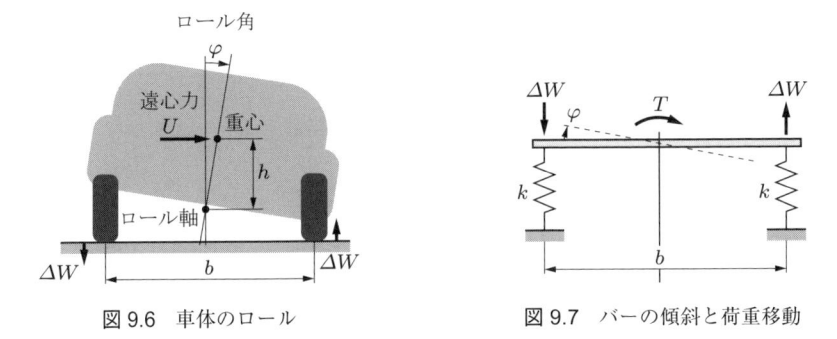

図 9.7 のように，剛性の高いバーと二つのばねで車体のロールをモデル化して考える．両端のばね定数を k，力のモーメントを T，バーの角度を φ とすると，関係は次式となる．

$$T = \frac{b^2}{2}k\varphi = K_\varphi \varphi \tag{9.17}$$

ここに，K_φ は回転ばね定数で**ロール剛性**とよぶ．車体のロール角が φ のとき，左右の荷重移動 ΔW は以下となる．

$$\Delta W = \frac{K_\varphi}{b}\varphi \tag{9.18}$$

ロール剛性比とステア特性

四つのばねで支えた剛体がロールする場合を考える（図 9.8）．車両の前後輪のサスペンションの 1 輪あたりのばね定数を k_f，k_r，前後輪のトレッドを b_f，b_r とする．

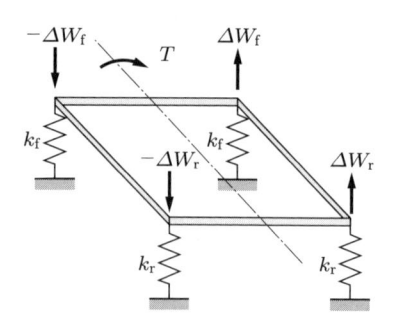

図 9.8　剛体の傾斜と荷重移動

ただし，k_f, k_r はホイールセンター位置に換算した値とする．前後輪のロール剛性 $K_{\varphi f}$, $K_{\varphi r}$ は次式となる．

$$K_{\varphi f} = \frac{b_f{}^2}{2} k_f, \quad K_{\varphi r} = \frac{b_r{}^2}{2} k_r \tag{9.19}$$

車両全体のロール剛性を K_φ とすると，

$$K_\varphi = K_{\varphi f} + K_{\varphi r} \tag{9.20}$$

となる．車両のロール角が φ のとき，前後輪の荷重移動 ΔW_f, ΔW_r は，

$$\Delta W_f = \frac{K_{\varphi f}}{b_f} \varphi, \quad \Delta W_r = \frac{K_{\varphi r}}{b_r} \varphi \tag{9.21}$$

となる．

前後輪のロール剛性の比を，**ロール剛性比**または**ロール剛性配分比**とよぶ．ロール剛性比を R_D とすると，

$$R_D = \frac{K_{\varphi r}}{K_{\varphi f}} \tag{9.22}$$

で示される．

ロール剛性比 R_D は，ステア特性に関係する指標として用いられる．例として，アンダーステア車両のフロントサスペンションばね k_f を大きくして，ロール剛性比 R_D を小さくする場合を考えてみよう．図 9.9 は，荷重とコーナリングフォースとの関係のグラフで，荷重移動 ΔW が大きくなると，コーナリングフォースの平均値が小さくなる．フロントのサスペンションばね k_f を大きくすると，フロント荷重移動 ΔW_f は大きくなる．したがって，フロントコーナリングパワー K_f が，小さくなると考えることができる．スタビリティファクター A を以下の式のように変形して示すと，

$$A = \frac{m \left(\dfrac{l_r}{K_f} - \dfrac{l_f}{K_r} \right)}{2l^2} \tag{9.23}$$

9.1 ステア特性

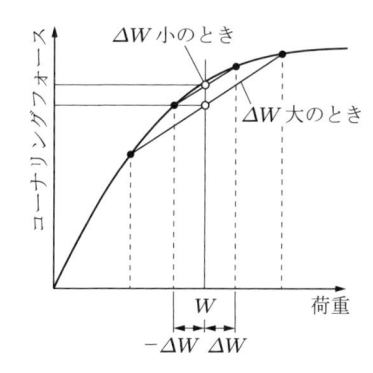

図9.9 荷重とコーナリングフォースの関係

となり，K_f が小さくなると，スタビリティファクター A が増大する．これより，ロール剛性比 R_D を小さくすると，アンダーステアの度合いが強くなる．

ステア特性を調整するため，**スタビライザ**（アンチロールバー）を設定することがある．スタビライザは図9.10に示す構造で，P，Q をそれぞれ左右のサスペンションアームに取り付ける構造である．車体がロールして左右輪の上下相対変位が発生する場合に，ねじりばねとして作用する．

スタビライザの両端 P，Q にそれぞれ逆向きの力 F を作用させたときの変位を x とすると，力と変位の関係は次式となる．

$$F = k_{st} x \tag{9.24}$$

ここに，k_{st} はスタビライザのばね定数である．

図9.11は，剛性の高いバーの両端に，ばね定数 k のばねと，ばね定数 k_{st} のスタビライザを取り付けたモデル図である．バーに力のモーメント T を作用させるときのバーの傾斜角度を φ とすると，次式が得られる．

$$T = \frac{b^2}{2}(k + k_{st})\varphi \tag{9.25}$$

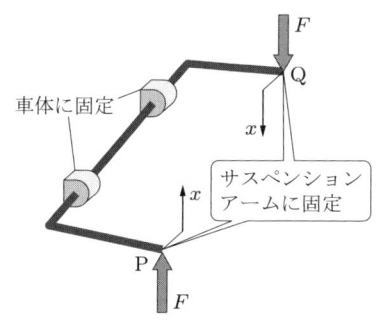

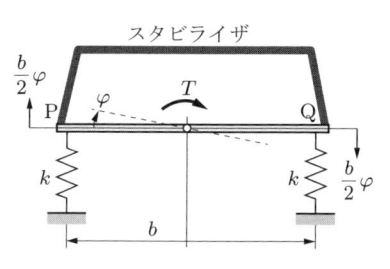

図9.10 スタビライザ 　　　図9.11 スタビライザとロール剛性

スタビライザは，PとQが同じ向きに変位してもねじれが発生しないため，ばねとして作用せず，相対変位が発生する場合に作用する．このため，車両がロールする場合にのみ，ばねとしての効果がある．アンダーステアを強くする場合には，前輪にスタビライザを付加するか，既に設定している場合は前輪スタビライザのばね定数を高くして調整することができる．

アライメント変化／コンプライアンスとステア特性

サスペンションが上下にストロークすると，リンクやアームが幾何学的に変化して，タイヤのトーやキャンバーが変わる．これを，サスペンションのジオメトリ変化またはホイールアライメント変化という．

図 9.12 のように，車体がロールしてキャンバー変化やトー変化が発生すると，キャンバースラストやコーナリングフォースが発生し，車両の進行方向が変化してステア特性に影響する．このようなロールによるステア特性への影響を**ロールステア**という．

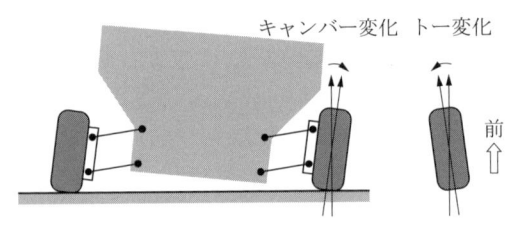

図 9.12 ロールステア

また，走行中のタイヤには前後力や横力が作用する．図 9.13 のように，サスペンションアームはゴム製のブッシュで車体に取り付けられているため変形し，タイヤにトー変化が発生してステア特性に影響を与える．前後力による現象を**前後力コンプライアンスステア**，横力によるものを**横力コンプライアンスステア**という．

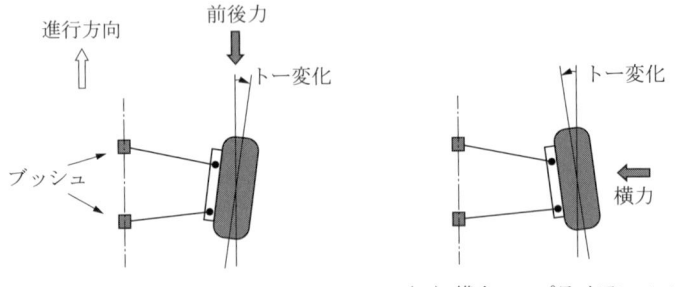

（a）前後力コンプライアンスステア　　（b）横力コンプライアンスステア

図 9.13　コンプライアンスステア

例題 9.3
トレッド $b = 1.6$ m，前後輪の上下サスペンションばね定数 $k_\mathrm{f} = 25000$ N/m，$k_\mathrm{r} = 20000$ N/m の車両のロール剛性比 R_D はいくらか．

解
前後のロール剛性を $K_{\varphi\mathrm{f}}$，$K_{\varphi\mathrm{r}}$ とすると，
$$K_{\varphi\mathrm{f}} = \frac{b^2}{2} k_\mathrm{f} = 32000 \text{ Nm/rad}, \quad K_{\varphi\mathrm{r}} = \frac{b^2}{2} k_\mathrm{r} = 25600 \text{ Nm/rad}$$
となる．したがって，式 (9.22) より R_D が求められる．
$$R_\mathrm{D} = 0.8$$

9.2 操舵時の運動

ステアリングを操舵すると，車両が応答してヨーレイトや慣性力が発生する．本節では，一定の速度で走行する車両を操舵するときの運動のメカニズムとシミュレーションの方法を解説する．

9.2.1 運動の式

刻々と変化する運動は，瞬間的な運動の連続として考えることができる．図 9.14 は，速度 v，横加速度 a，車体スリップ角 β，ヨーレイト γ で方向を変えながら走行する車両の瞬間的な状態である．

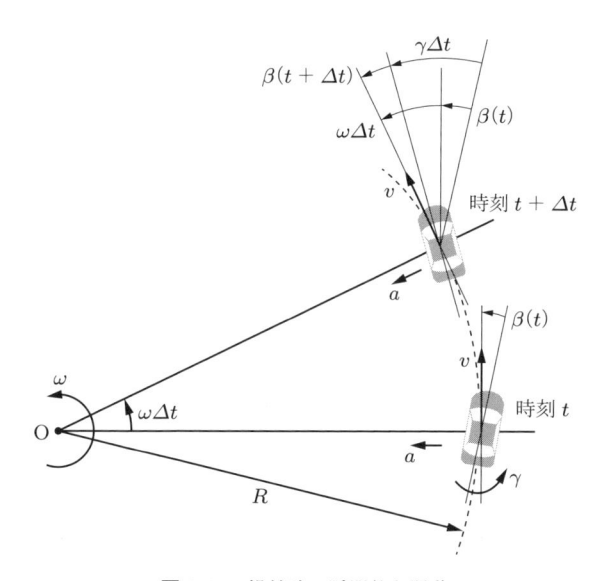

図 9.14 操舵時の瞬間的な運動

微小時間 Δt の間に，車体は $\gamma \Delta t$ だけ回転し，重心は半径 R の円周上を角度 $\omega \Delta t$ だけ旋回する．この関係は，図 9.14 および次式で示すことができる．

$$\omega \Delta t = \gamma \Delta t + \beta(t + \Delta t) - \beta(t) = \gamma \Delta t + \dot{\beta} \Delta t \tag{9.26}$$

これより，

$$\omega = \gamma + \dot{\beta} \tag{9.27}$$

となる．

車両の重心は，旋回中心を O として半径 R の円周上を角速度 ω で旋回し，ヨーレイト γ と車体スリップ角 β は，式 (9.27) の関係を保持する．

「3.3 回転運動」で示したように，速度 v で旋回する物体の向心加速度 a は以下の式となる．

$$a = v\omega \tag{3.32}$$

車両の重心は，半径 R の円周上を角速度 ω で旋回し，車両には以下の向心加速度 a が作用する．

$$a = v(\gamma + \dot{\beta}) = \frac{v^2}{R} \tag{9.28}$$

図 9.15 に，車両 2 輪モデルを用いて，速度 v，ヨーレイト γ，車体スリップ角 β で走行する車両の瞬間的な幾何学的関係を示す．重心 C.G. は，旋回中心を O として半径 R の円周上を運動し，また同時に車体は回転中心 O_y 周りに回転する．重心 C.G.，

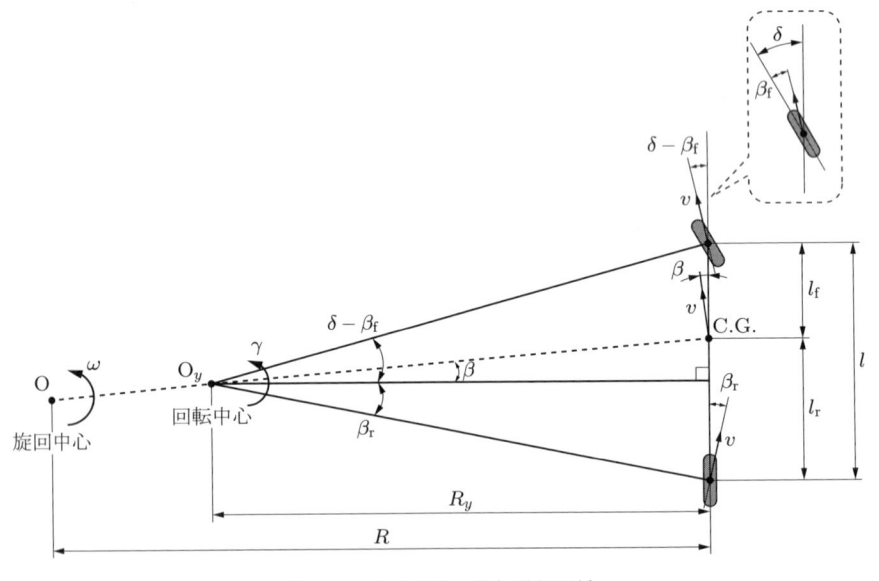

図 9.15 動的運動の幾何学的関係

回転中心 O_y, 旋回中心 O は同一直線上にあり, 回転中心と重心との距離を R_y とすれば, 速度 v は以下の関係となる.

$$v = R\omega = R_y\gamma \tag{9.29}$$

回転中心 O_y から車両に垂線を加えると, 舵角 δ, 車体スリップ角 β, 前後輪のタイヤスリップ角 β_f, β_r の関係が明らかになる. $R, R_y \gg l$ とし, 角度はすべて十分に小さいと考えれば, 以下の式が成り立つ.

$$\frac{l}{R_y} = \delta - \beta_\mathrm{f} + \beta_\mathrm{r} \tag{9.30}$$

$$\frac{l_\mathrm{f}}{R_y} = \delta - \beta_\mathrm{f} - \beta \tag{9.31}$$

$$\frac{l_\mathrm{r}}{R_y} = \beta + \beta_\mathrm{r} \tag{9.32}$$

●● 9.2.2 車両の応答

力のつり合いの関係と動的運動の幾何学的関係とを組み合わせれば, 車両運動の式を導くことができる.

図 9.16 の 2 輪モデルで示す, 質量 m, 慣性モーメント I の車両に, 遠心力 U が作用する場合を考える. 前後輪タイヤのコーナリングフォースを F_f, F_r とすると, ダランベールの原理により, 力および力のモーメントのつり合い式が成り立つ.

$$F_\mathrm{f} + F_\mathrm{r} + U = 0 \tag{9.33}$$
$$F_\mathrm{f} l_\mathrm{f} - F_\mathrm{r} l_\mathrm{r} + N = 0 \tag{9.34}$$

遠心力 U は, 加速度 a の逆向きに作用する. また, N は, 回転にかかわる慣性力である. U と N は, それぞれ次式で示される.

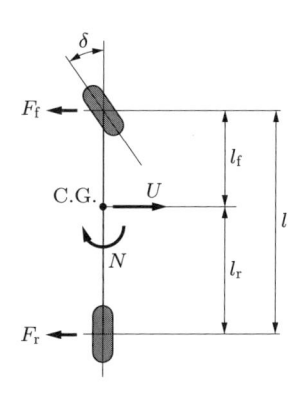

図 9.16 車輪 2 輪モデル

$$U = -ma = -mv(\gamma + \dot{\beta}) \tag{9.35}$$

$$N = -I\dot{\gamma} \tag{9.36}$$

タイヤのコーナリングフォースは，式 (9.29)〜(9.32) の関係を用いて，以下の式で表現することができる.

$$F_\mathrm{f} = 2K_\mathrm{f}\beta_\mathrm{f} = 2K_\mathrm{f}\left(\delta - \beta - \frac{l_\mathrm{f}}{v}\gamma\right) \tag{9.37}$$

$$F_\mathrm{r} = 2K_\mathrm{r}\beta_\mathrm{r} = 2K_\mathrm{r}\left(-\beta + \frac{l_\mathrm{r}}{v}\gamma\right) \tag{9.38}$$

これより，つり合いの式は以下となる.

$$2K_\mathrm{f}\left(\delta - \beta - \frac{l_\mathrm{f}}{v}\gamma\right) + 2K_\mathrm{r}\left(-\beta + \frac{l_\mathrm{r}}{v}\gamma\right) = mv(\gamma + \dot{\beta}) \tag{9.39}$$

$$2K_\mathrm{f}l_\mathrm{f}\left(\delta - \beta - \frac{l_\mathrm{f}}{v}\gamma\right) - 2K_\mathrm{r}l_\mathrm{r}\left(-\beta + \frac{l_\mathrm{r}}{v}\gamma\right) = I\dot{\gamma} \tag{9.40}$$

車体スリップ角 β とヨーレイト γ で整理すると，以下の運動の式が導かれる.

$$mv\dot{\beta} + 2(K_\mathrm{f} + K_\mathrm{r})\beta + \left\{mv + \frac{2(l_\mathrm{f}K_\mathrm{f} - l_\mathrm{r}K_\mathrm{r})}{v}\right\}\gamma = 2K_\mathrm{f}\delta \tag{9.41}$$

$$2(l_\mathrm{f}K_\mathrm{f} - l_\mathrm{r}K_\mathrm{r})\beta + I\dot{\gamma} + \frac{2(l_\mathrm{f}^2 K_\mathrm{f} + l_\mathrm{r}^2 K_\mathrm{r})}{v}\gamma = 2l_\mathrm{f}K_\mathrm{f}\delta \tag{9.42}$$

入力を舵角 δ，出力を車体スリップ角 β，ヨーレイト γ としてブロック線図で表現すると，図 9.17 に示すことができる.

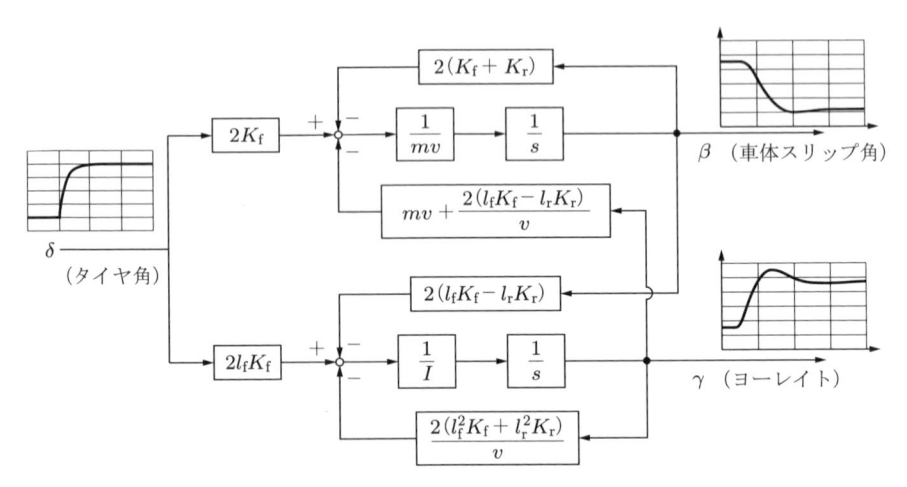

図 9.17 車両運動のブロック線図とシミュレーション

9.2 操舵時の運動

これらの式から，舵角に対する車体スリップ角とヨーレイトの伝達関数を求める．式 (9.41), (9.42) をラプラス変換すると，次のようになる．

$$\{mvs + 2(K_\mathrm{f} + K_\mathrm{r})\}\beta + \left\{mv + \frac{2(l_\mathrm{f}K_\mathrm{f} - l_\mathrm{r}K_\mathrm{r})}{v}\right\}\gamma = 2K_\mathrm{f}\delta \quad (9.43)$$

$$2(l_\mathrm{f}K_\mathrm{f} - l_\mathrm{r}K_\mathrm{r})\beta + \left\{Is + \frac{2(l_\mathrm{f}^2 K_\mathrm{f} + l_\mathrm{r}^2 K_\mathrm{r})}{v}\right\}\gamma = 2l_\mathrm{f}K_\mathrm{f}\delta \quad (9.44)$$

以下のように係数を置き換えて表し，車体スリップ角 β とヨーレイト γ を導く．

$$\begin{bmatrix} a_{11} & a_{12} \\ a_{21} & a_{22} \end{bmatrix} \begin{Bmatrix} \beta \\ \gamma \end{Bmatrix} = \begin{Bmatrix} b_1 \\ b_2 \end{Bmatrix} \delta \quad (9.45)$$

$$a_{11} = mvs + 2(K_\mathrm{f} + K_\mathrm{r}), \quad a_{12} = mv + \frac{2(l_\mathrm{f}K_\mathrm{f} - l_\mathrm{r}K_\mathrm{r})}{v}, \quad b_1 = 2K_\mathrm{f}$$

$$a_{21} = 2(l_\mathrm{f}K_\mathrm{f} - l_\mathrm{r}K_\mathrm{r}), \quad a_{22} = Is + \frac{2(l_\mathrm{f}^2 K_\mathrm{f} + l_\mathrm{r}^2 K_\mathrm{r})}{v}, \quad b_2 = 2l_\mathrm{f}K_\mathrm{f}$$

これより，舵角 δ を入力としたときの車体スリップ角 β とヨーレイト γ は次式となる．

$$\begin{Bmatrix} \beta \\ \gamma \end{Bmatrix} = \begin{bmatrix} a_{11} & a_{12} \\ a_{21} & a_{22} \end{bmatrix}^{-1} \begin{Bmatrix} b_1 \\ b_2 \end{Bmatrix} \delta \quad (9.46)$$

舵角 δ に対するヨーレイト γ の伝達関数を求め，ゲインと位相を周波数で表示すると，図 9.18 に示す周波数特性となる．この図は，弱アンダーステア特性車両の速度を変えて比較した結果で，速度が増大するとヨーレイトゲインが高くなり，位相変化の度合いも高くなることがわかる．

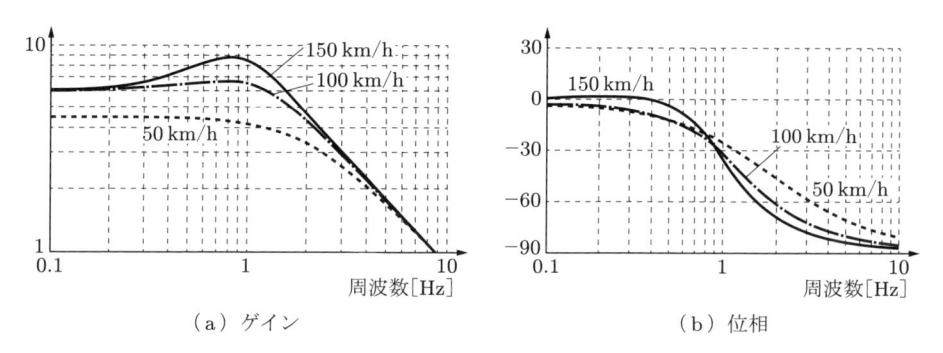

(a) ゲイン (b) 位相

図 9.18 ヨーレイトの周波数特性

例題 9.4
操舵時の運動方程式 (9.41), (9.42) を用いて，「8.2 定常円旋回」で求めた定常円旋回の式 (8.26), (8.27) を導け．

解

定常円旋回の運動は，車体スリップ角 β，およびヨーレイト γ が一定の運動であるから，$\dot{\beta}=0$，$\dot{\gamma}=0$ を代入して，

$$2(K_\mathrm{f}+K_\mathrm{r})\beta + \left\{ mv + \frac{2(l_\mathrm{f}K_\mathrm{f}-l_\mathrm{r}K_\mathrm{r})}{v} \right\}\gamma = 2K_\mathrm{f}\delta$$

$$2(l_\mathrm{f}K_\mathrm{f}-l_\mathrm{r}K_\mathrm{r})\beta + \frac{2(l_\mathrm{f}{}^2 K_\mathrm{f}+l_\mathrm{r}{}^2 K_\mathrm{r})}{v}\gamma = 2l_\mathrm{f}K_\mathrm{f}\delta$$

となり，式 (8.26)，(8.27) を導くことができる．

自転と公転

車両運動を天体運動と関連付けて考えてみよう．

定常円旋回の運動は，月と地球の関係に似ている．月は，地球からみるといつも同じ面を向けて運動している．つまり，1箇月かけて公転し，1箇月かけて自転しているという，公転と自転の角速度が同じ運動である．

これに対し，操舵を伴う車両運動は，太陽を回る地球に似ている．地球は，太陽を中心に1年で公転し，同時に1日で自転する．公転と自転の角速度が異なる運動である．

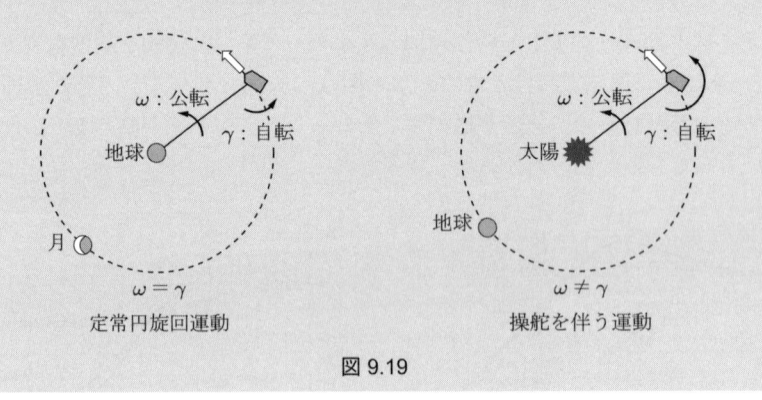

図 9.19

演習問題

9.1 4輪のタイヤのコーナリングパワーが $K = 600$ N/deg，スタビリティファクター $A = 0.0018$ の車両がある．タイヤをコーナリングパワー $K_n = 700$ N/deg のものに替えたとき，スタビリティファクター A_n はいくらか．

9.2 質量 $m = 1500$ kg，ホイールベース $l = 1.6$ m，4輪のタイヤのコーナリングパワーが $K = 650$ N/deg の車両がある．スタビリティファクター A が 0.0016 であるとき，スタ

ティックマージン SM はいくらか.

9.3 ホイールセンター位置で前後輪のサスペンションばね定数 $k_\mathrm{f} = 25000$ N/m, $k_\mathrm{r} = 20000$ N/m, トレッド $b = 1.6$ m の車両がある. コーナーを旋回するときの車体ロール角 φ が $2°$ であった. 前後輪の荷重移動 ΔW_f, ΔW_r はいくらか.

9.4 $\omega = \gamma + \dot{\beta}$ （式 (9.27)）で示される車両運動について以下の問いに答えよ.
  (1) $\gamma = 0$ はどのような運動か.
  (2) $\omega = 0$ はどのような運動か.

第10章

乗り心地

大型高級車は乗り心地が良くて，スポーツカーや軽自動車は乗り心地が悪いといわれる．何がどのように違うのだろう．路面から伝わってくる振動伝達のしくみを理解して，その違いを体感してみよう．

10.1 車体の振動

乗り心地は，車両の構造や部品特性のほかに路面の凹凸や車速などにより変化する．本節では，車両振動のモデル化や運動の式の導出について学び，乗り心地の基本特性を理解しよう．

10.1.1 振動の入力

車体振動の起振源として，路面の凹凸やタイヤアンバランスなどがある．

路面の凹凸は，滑らかなアスファルト路から石畳路，極悪路などさまざまである．これらの不規則な形状は，周期の異なる正弦波の起伏が無数に集積したものと考えることができる．

単一の正弦波からなる路面を走行する車両を図 10.1 に示す．路面の波長を λ [m] とすると，単位長さあたりには $1/\lambda$ の繰り返しがある．この繰り返しの数を**空間周波数** n [cycle/m] とよぶ．速度 v で空間周波数 n の路面を走行すると，車両は以下の振動数 f [Hz] で加振される．

$$f = nv = \frac{v}{\lambda} \tag{10.1}$$

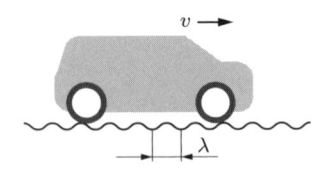

図 10.1 路面の凹凸

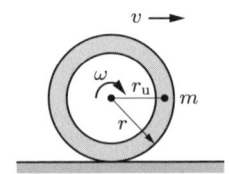

図 10.2 タイヤのアンバランス

路面は無数の空間周波数の起伏が集積したものであるから，走行する車両は無数の振動数で加振されると考えることができる．

図 10.2 は，タイヤ中心から r_u の位置に質量 m のアンバランスをもつタイヤが，速度 v で転動する図である．タイヤ半径を r，回転角速度を ω とすると，

$$\omega = \frac{v}{r} \tag{10.2}$$

となり，加振周波数 f_u は次式となる．

$$f_\mathrm{u} = \frac{v}{2\pi r} \tag{10.3}$$

加振力は，アンバランスの質量 m による遠心力 F として次式で示される．

$$F_\mathrm{u} = mr_\mathrm{u}\omega^2 = \frac{mr_\mathrm{u}v^2}{r^2} \tag{10.4}$$

遠心力の大きさは速度 v の 2 乗に比例し，高速になるほど加振力 F_u は増大する．また，加振周波数も速度 v に依存する．このため，タイヤのアンバランスによる振動は，高速走行において，特定の車速で発生する場合が多い．

●● 10.1.2　車両の振動モデル

図 10.3 に示す車両モデルは，車両の 1/4 をモデル化したもので 2 自由度モデルともよばれる．このモデルを用いると，乗り心地の基本的な特性を把握することができる．k_1 はタイヤばね定数，k_2, c_2 はそれぞれサスペンションのばね定数および，減衰係数である．ブレーキやホイールで構成する質量 m_1 は，サスペンションよりも下にあるので，ばね下とよぶ．サスペンションよりも上にある車体や乗員などからなる質量 m_2 を，ばね上とよぶ．

路面変位を x_0，ばね下，ばね上の変位をそれぞれ x_1, x_2 とする．タイヤばねの復元力は，路面変位とばね下との相対変位 $(x_1 - x_0)$ で発生し，サスペンションばねの復元力は相対変位 $(x_1 - x_2)$，ダンパーの減衰力は相対速度 $(\dot{x}_1 - \dot{x}_2)$ に比例した力

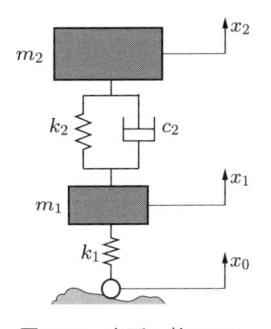

図 10.3　車両 1 輪モデル

である．サスペンションのばねとダンパーの合力は，ばね上とばね下に同じ大きさで反対方向に作用する．以上の関係を整理すると，運動の式として示すことができる．

$$m_1\ddot{x}_1 + c_2(\dot{x}_1 - \dot{x}_2) + k_2(x_1 - x_2) + k_1(x_1 - x_0) = 0 \tag{10.5}$$

$$m_2\ddot{x}_2 + c_2(\dot{x}_2 - \dot{x}_1) + k_2(x_2 - x_1) = 0 \tag{10.6}$$

ラプラス変換して整理すると，次式のようになる．

$$(m_1s^2 + c_2s + k_1 + k_2)X_1 - (c_2s + k_2)X_2 = k_1X_0 \tag{10.7}$$

$$-(c_2s + k_2)X_1 + (m_2s^2 + c_2s + k_2)X_2 = 0 \tag{10.8}$$

これらの関係を，入力を路面変位 X_0 とし，出力をばね下変位 X_1，ばね上変位 X_2 としてブロック線図で表すと，図 10.4 となる．

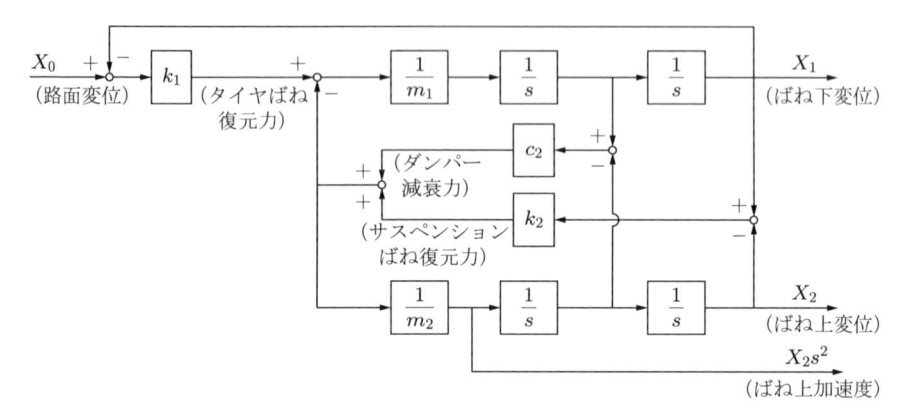

図 10.4 路面変位による車体振動のブロック線図

ブロック線図で表現するシミュレーションソフトを用いると，さまざまな入力に対する応答を得ることができる．図 10.5 は車両が段差を乗り上げた場合の応答として，路面変位 X_0 に 20 mm のステップ入力を与えたときのばね下変位，ばね上変位を示す．

車両が段差を乗り上げるとき，乗り上げの瞬間にショックがあり，乗り越えた後にゆっくりとした振動を感じる．図 10.5 の結果では，(a)のばね下変位には乗り上げる瞬間のショックが表れ，(b)のばね上変位のグラフにはゆっくりした振動が表れる．図 10.6 は，ばね上加速度の応答で，段差を乗り越えた直後のショックと周波数の低いゆっくりとした振動を同時に表現していて，人の感じ方にも近い．

(a) ばね下変位　　　　　　　　　(b) ばね上変位

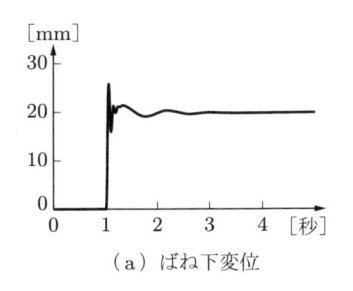

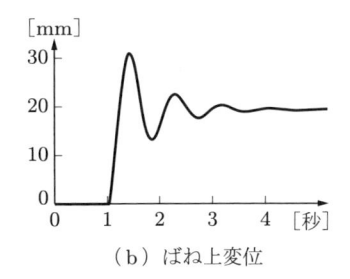

図 10.5　段差乗り上げ時の応答

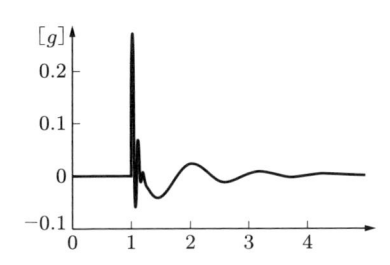

図 10.6　段差乗り上げ時のばね上加速度

> **例題 10.1**
> タイヤ半径 $r = 0.35$ m の車両が速度 $v = 120$ km/h で走行している．タイヤ中心からの距離 $r_\mathrm{u} = 0.3$ m に質量 $m = 50$ g に相当するアンバランスがあるとき，加振力の周波数 f_u と大きさ F_u はいくらか．

解
$$f_\mathrm{u} = \frac{v}{2\pi r} = 15.2 \text{ Hz}, \quad F_\mathrm{u} = \frac{m r_\mathrm{u} v^2}{r^2} = 136.1 \text{ N}$$

10.1.3　ばね上振動とばね下振動

ばね下とばね上の振動特性を分析するため，路面〜ばね下，路面〜ばね上の伝達関数 G_1, G_2 を以下のように定める．

$$G_1 = \frac{X_1}{X_0}, \quad G_2 = \frac{X_2}{X_0} \tag{10.9}$$

式 (10.7), (10.8) を行列で表す．

$$\begin{bmatrix} m_1 s^2 + c_2 s + k_1 + k_2 & -(c_2 s + k_2) \\ -(c_2 s + k_2) & m_2 s^2 + c_2 s + k_2 \end{bmatrix} \begin{Bmatrix} X_1 \\ X_2 \end{Bmatrix} = \begin{Bmatrix} k_1 \\ 0 \end{Bmatrix} X_0 \tag{10.10}$$

これより，伝達関数は次式となる．

$$\begin{Bmatrix} G_1 \\ G_2 \end{Bmatrix} = \begin{Bmatrix} X_1/X_0 \\ X_2/X_0 \end{Bmatrix} = \begin{bmatrix} m_1 s^2 + c_2 s + k_1 + k_2 & -(c_2 s + k_2) \\ -(c_2 s + k_2) & m_2 s^2 + c_2 s + k_2 \end{bmatrix}^{-1} \begin{Bmatrix} k_1 \\ 0 \end{Bmatrix}$$
(10.11)

さらに，$s = j\omega$ を代入して角振動数 ω の式として表現する．

$$\begin{Bmatrix} G_1 \\ G_2 \end{Bmatrix} = \begin{bmatrix} -m_1 \omega^2 + jc_2\omega + k_1 + k_2 & -(jc_2\omega + k_2) \\ -(jc_2\omega + k_2) & -m_2\omega^2 + jc_2\omega + k_2 \end{bmatrix}^{-1} \begin{Bmatrix} k_1 \\ 0 \end{Bmatrix}$$
(10.12)

式 (10.12) は，路面変位を入力とし，ばね下変位 X_1，およびばね上変位 X_2 を出力とする伝達関数である．周波数を f とおくと $\omega = 2\pi f$ の関係から，G_1 および G_2 を図 10.7, 10.8 に示すことができる．

図 10.7 に示す G_1 のグラフでは，ゲイン $|G_1|$ の 10 Hz 付近にピークがある．このピークを**ばね下共振**とよび，ばね下共振周波数 f_1 は以下の近似式で表す．

$$f_1 \cong \frac{1}{2\pi}\sqrt{\frac{k_1 + k_2}{m_1}} \cong \frac{1}{2\pi}\sqrt{\frac{k_1}{m_1}}$$
(10.13)

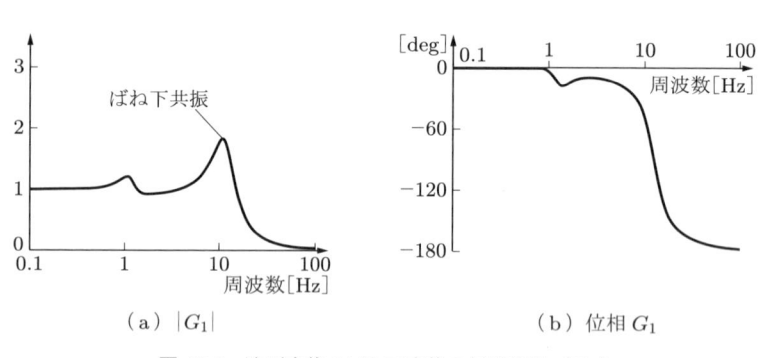

(a) $|G_1|$

(b) 位相 G_1

図 10.7 路面変位のばね下変位の伝達特性 (G_1)

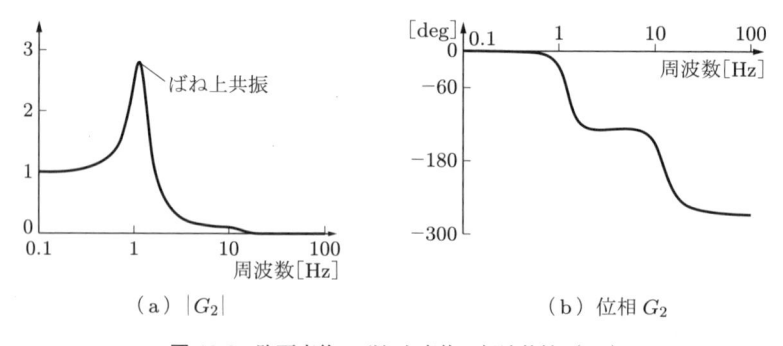

(a) $|G_2|$

(b) 位相 G_2

図 10.8 路面変位のばね上変位の伝達特性 (G_2)

図 10.8 に示す G_2 のグラフでは，1 Hz 付近にゲイン $|G_2|$ のピークがある．これを**ばね上共振**とよび，ばね上共振周波数 f_2 は以下の式で近似する．

$$f_2 \cong \frac{1}{2\pi}\sqrt{\frac{k_1 k_2}{m_2(k_1+k_2)}} \cong \frac{1}{2\pi}\sqrt{\frac{k_2}{m_2}} \tag{10.14}$$

これらの伝達特性から，ばね上およびばね下の振動の特徴を図 10.9 に表すことができる．1 Hz 以下の低周波では，ばね下とばね上は路面とともに同じ位相で変化する．1 Hz 付近にばね上共振があり，ばね上は大きく振動する．1～10 Hz の間は，路面とばね下とは同位相で振動し，ばね上とばね下は逆位相で振動する．10 Hz 付近にばね下共振があり，ばね下が大きく振動する．これよりも高い周波数では，路面とばね下は逆位相，さらにばね下とばね上も逆位相で振動する．実際の車両では，これらすべての振動が同時に発生している．

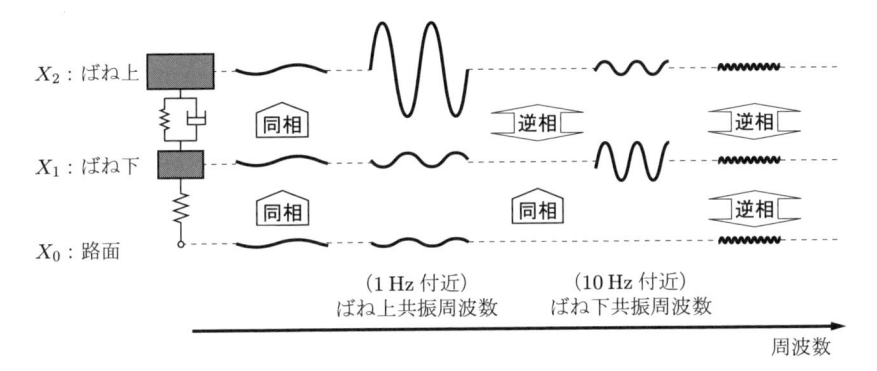

図 10.9 路面変形に対するばね上，ばね下の応答

> **例題 10.2**
> ばね下質量 $m_1 = 40$ kg，ばね上質量 $m_2 = 400$ kg，タイヤばね定数 $k_1 = 200000$ N/m，サスペンションばね定数 $k_2 = 20000$ N/m の車両 1 輪モデルがある．ばね下およびばね上固有振動数 f_1, f_2 を求めよ．

解
式 (10.13)，(10.14) より求める．

$$f_1 = \frac{1}{2\pi}\sqrt{\frac{k_1}{m_1}} = 11.3 \text{ Hz}, \quad f_2 = \frac{1}{2\pi}\sqrt{\frac{k_2}{m_2}} = 1.1 \text{ Hz}$$

10.2 乗り心地とサスペンション特性

乗り心地特性は,「6.2 振動の解析」で示した伝達関数を用いて路面から車体への振動伝達特性を分析すると,さまざまな特徴を把握することができる.

10.2.1 乗り心地の評価

図 10.6 で段差を乗り上げたとき,ばね上変位よりもばね上加速度のほうが人の感じ方に近いことを示した.乗り心地の評価では,路面変位に対するばね上加速度として,「6.2.3 伝達関数」で示した伝達関数を用いて表現する場合が多い.

路面変位を入力,ばね上加速度を出力とする伝達関数を G_a とすると,式 (10.7),(10.8) より,G_a は以下の式で表すことができる.

$$G_a = \frac{X_2 s^2}{X_0}$$

$$= \frac{k_1(c_2 s + k_2)s^2}{m_1 m_2 s^4 + (m_1 + m_2)c_2 s^3 + (k_1 m_2 + k_2 m_1 + k_2 m_2)s^2 + k_1 c_2 s + k_1 k_2} \tag{10.15}$$

伝達関数のゲインは「6.2 振動の解析」で示したように,底が 10 の常用対数で表現し,単位はデシベル [dB] を用いる.

$$G = 20 \log_{10} |G_a| \tag{10.16}$$

G は振動レベルで,グラフで表すと図 10.10 となる.

一方,人が振動を感じる大きさのレベルは周波数によって変化し,同じ加速度であっても周波数が異なれば感じ方が変わる.図 10.11 は,国際規格 ISO2631 に示される上下振動に対する人間の感度を示した図で,人は 4〜10 Hz 付近の上下振動を最も敏感に感じ,それよりも低い周波数や高い周波数域の加速度は相対的に感度が低いことを示している.

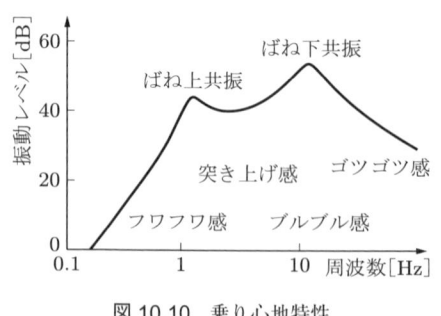

図 10.10 乗り心地特性

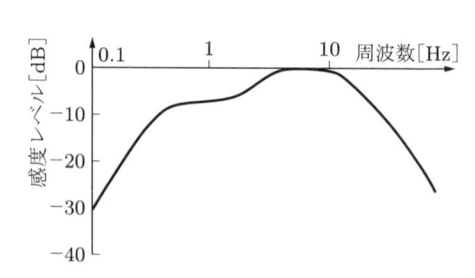

図 10.11 人間の感度 (上下振動)

10.2.2 サスペンションばねとダンパーの影響

サスペンションばね k_2 を増大させたときの振動レベル G の変化を図 10.12 に示す．ばね定数 k_2 を大きくすれば，ばね上共振周波数が増大して近傍の振動レベルが大きくなり，フワフワ感や突き上げ感が悪化する．このため，k_2 を小さく設定したいが，そうすると，車体の姿勢変化が大きくなるなどの別の問題が生じ，トレードオフの関係を考慮する必要がある．

ダンパーの減衰係数 c_2 を大きくすると，振動レベル G は図 10.13 となる．ばね上共振域の振動レベルが下がりフワフワ感は良くなるが，突き上げ感やゴツゴツ感が悪化して，硬い感じの乗り心地になる．

実際の車両では，乗り心地特性にさまざまな部品が影響し合うので関係は複雑であるが，サスペンションのばねやダンパーは，これらの基本的な関係をベースとして設計される．

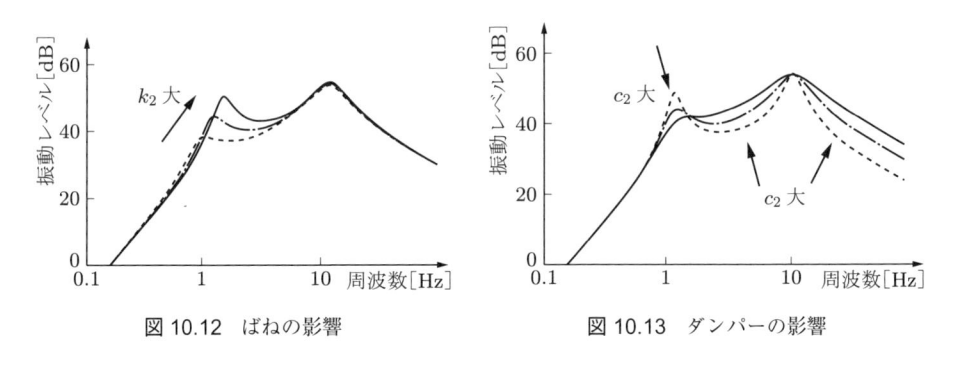

図 10.12　ばねの影響

図 10.13　ダンパーの影響

10.2.3 不動点の存在

図 10.12, 10.13 をみると，サスペンション特性を変更しても振動レベルが変わらない振動数がある．式 (10.7)，(10.8) の両辺を加えると，次式が得られる．

$$(m_1 s^2 + k_1)X_1 + m_2 s^2 X_2 = k_1 X_0 \tag{10.17}$$

この式は，サスペンションのばね定数 k_2 と減衰係数 c_2 を含まないため，サスペンション特性には無関係に成立する．これより，

$$m_1 s^2 + k_1 = 0 \tag{10.18}$$

のとき，

$$G_{\mathrm{a}} = \frac{X_2 s^2}{X_0} = \frac{k_1}{m_2} \tag{10.19}$$

が成り立つ．振動数を f_{i} とおくと，

$$f_{\mathrm{i}} = \frac{1}{2\pi}\sqrt{\frac{k_1}{m_1}} \tag{10.20}$$

となる．周波数が f_{i} のときの振動伝達率 G_{a} は常に k_1/m_2 で，サスペンションのばねやダンパーを変化させても不変である．この点を**不動点** (invariant point) という．

次に，図 10.13 をみると，ダンパーの減衰係数 c_2 を変化させても振動レベルが変化しない点が存在する．式 (10.15) に，$c_2 = 0$, $c_2 = \infty$ を代入すると，以下の式が得られる．

$$\left(\frac{X_2 s^2}{X_0}\right)_{c_2=0} = \frac{k_1 k_2 s^2}{m_1 m_2 s^4 + (k_1 m_2 + k_2 m_1 + k_2 m_2)s^2 + k_1 k_2} \tag{10.21}$$

$$\left(\frac{X_2 s^2}{X_0}\right)_{c_2=\infty} = \frac{k_1 s^2}{(m_1 + m_2)s^2 + k_1} \tag{10.22}$$

次式が成り立つ周波数では，ダンパーの減衰特性 c_2 に無関係に振動レベルが不変となる．

$$\left|\frac{X_2}{X_0}\right|_{c_2=\infty} = \left|\frac{X_2}{X_0}\right|_{c_2=0} \tag{10.23}$$

これより，次式が得られる．

$$\left(\frac{X_2}{X_0}\right)_{c_2=\infty} = \pm \left(\frac{X_2}{X_0}\right)_{c_2=0} \tag{10.24}$$

右辺が + の場合は不動点 f_{i} に一致し，− の場合には以下の特性方程式が導かれる．

$$m_1 m_2 s^4 + \{k_1 m_2 + 2k_2(m_1 + m_2)\}s^2 + 2k_1 k_2 = 0 \tag{10.25}$$

ここで，

$$\omega_1 = \sqrt{\frac{k_1}{m_1}}, \quad \omega_2 = \sqrt{\frac{k_2}{m_2}}, \quad \nu = \frac{m_2}{m_1}, \quad s = j\omega \tag{10.26}$$

とおいて整理すると，

$$\omega^4 - \{\omega_1^2 + 2(1+\nu)\omega_2^2\}\omega^2 + 2\omega_1^2\omega_2^2 = 0 \tag{10.27}$$

となり，この解がサスペンションの減衰係数 c_2 に依存しない周波数となる．

$$\omega^2 = \frac{\omega_1^2 + 2(1+\nu)\omega_2^2 \pm \sqrt{\{\omega_1^2 + 2(1+\nu)\omega_2^2\}^2 - 8\omega_1^2\omega_2^2}}{2} \tag{10.28}$$

ここで，導かれた二つの解を周波数に変換すると，図 10.14 に示す二つの不変な点が得られる．本書ではこれらを**ダンパー不動点**とよぶ．

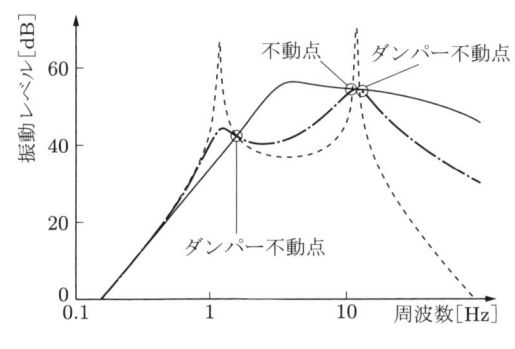

図 10.14 不動点とダンパー不動点

振動の感じ方

人体にも共振現象があり,人体各部に振動しやすい周波数がある.この共振現象は,人が 4 Hz～10 Hz の振動を最も敏感に感じる感度に関係が深い.振動がないドライブシミュレータを運転すると現実味がないように,音や振動がまったくない車両があれば違和感があるかもしれない.乗り心地のよい車を作るには人の研究も大切である.

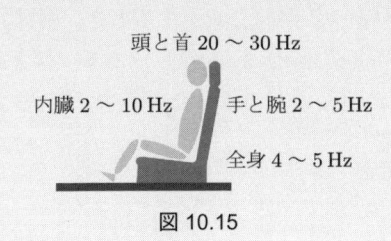

頭と首 20～30 Hz
内臓 2～10 Hz　手と腕 2～5 Hz
全身 4～5 Hz

図 10.15

演習問題

10.1 波長 $\lambda = 5$ m 正弦波状の路面がある.速度 $v = 90$ km/h で走行するとき,車両が路面から受ける振動数 f はいくらか.

10.2 ばね下質量 $m_1 = 40$ kg, ばね上質量 $m_2 = 360$ kg, タイヤばね定数 $k_1 = 250000$ N/m の車両がある.不動点周波数 f_i [Hz], および不動点の路面〜ばね上加速度の振動レベル G [dB] はいくらか.

10.3 上記 3 の車両でサスペンションばね定数が $k_2 = 25000$ N/m のとき,ダンパー不動点周波数 f_1, f_2 はいくらか.

第11章

車両運動の制御システム

　自動車は，制御技術の導入により，運転技術は未熟でも巧みに車両をコントロールできるようになり，これまでは達成できなかった性能を実現できるようになった．車両運動性能は今後も進化し続け，知能化から自動運転へと展開するのだろうか？

11.1　駆動と制動の制御

ABS

　雪や氷などによりタイヤが滑る路面で減速するとき，制動力が最大になるように制御する装置がABS（Antilock Brake System）である（図11.1）．転動するタイヤの摩擦係数は，「4.2 タイヤの前後力」で示したように，最大の制動力はスリップ比が0.1～0.2のときに得られる．

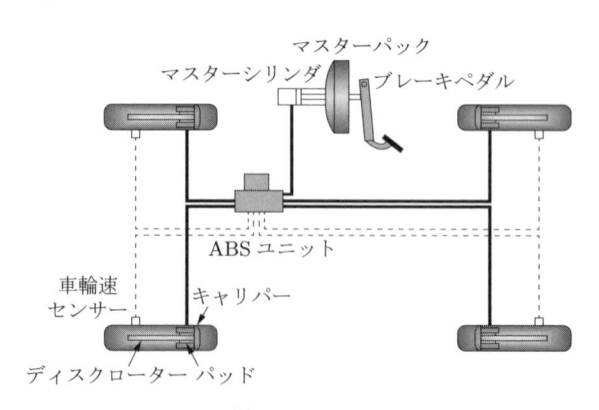

図11.1　ABS

　ABSのコントローラは，車両走行速度とタイヤ回転数を比較して，個々のタイヤのスリップを判定する．スリップが目標値よりも大きいときにはブレーキ圧を減圧し，小さいときにブレーキ圧を増圧して，スリップが目標値となるように制御する．制御

のプロセスは，図 11.2 のようなものである．ドライバーは，ブレーキペダルを大きな力で踏み続けていれば，ブレーキ圧が自動で調整され，最大の制動力で減速，停止させることができる．

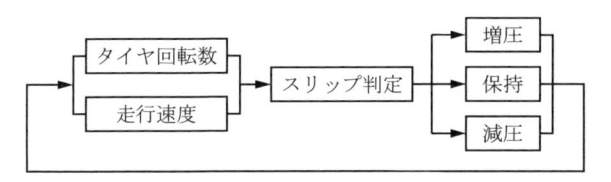

図 11.2　ABS の制御

トラクションコントロール

　滑りやすい道路で発進や加速するときに，タイヤのスリップを制御して駆動力を確保する装置が，トラクションコントロールである（図 11.3）．駆動力は，タイヤのスリップ比が $-0.1 \sim -0.2$ のときに最大になる．ドライバーがアクセルペダルを踏んだとき，コントロールユニットは，タイヤ回転数と走行速度からタイヤのスリップ比を検知し，最大の駆動力が得られるように制御する．

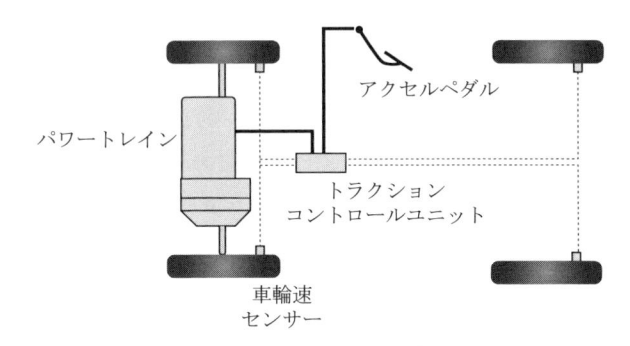

図 11.3　トラクションコントロール

11.2　操舵の制御

パワーステアリング

　パワーステアリング装置は，ステアリングホイールを快適に操作するために操舵力をアシストする装置である．従来は油圧式が多くみられたが，近年では，燃費向上や操舵特性を向上させるために，電動式のパワーステアリングが多く用いられるようになった．図 11.4 は，ラック部分にモータを配置する電動式パワーステアリングである．

図 11.4　パワーステアリング

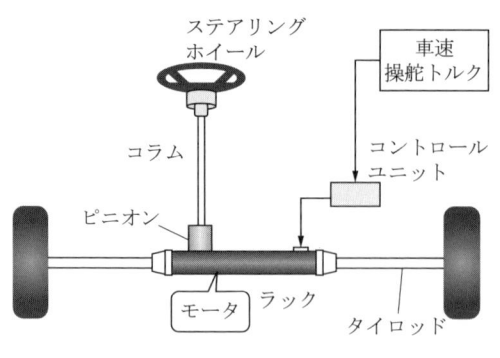

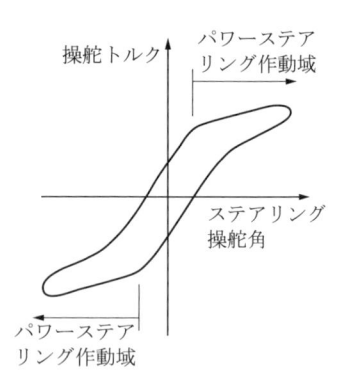

図 11.5　低速での操舵力特性

図11.5は，低速でステアリングを操作するときの角度と操舵トルクの関係を示す．操舵角が小さい場合には，操舵トルクが小さいため操作に問題はないが，駐車や低速で大きな操舵力を要する場合には，パワーステアリングの出力を大きくして軽々と操作できる特性となっている．高速走行では適度な操舵力で安心感を確保するように制御する．また，画像処理技術を用いて道路の白線を検知し，居眠り運転などで白線を越えれば修正操舵するシステムも商品化されている．

ステアバイワイヤ

ステアリングホイールとタイヤとの機械的結合を電気的結合に変えて，操縦性や安定性を向上させるシステムが，ステアバイワイヤである（図 11.6）．機械的な結合がないため，ステアリングホイールの回転角とタイヤ転舵角の比率（転舵比）を自由に設定でき，駐車場などの低速では取り回しを楽にし，高速走行では安定性を高める比

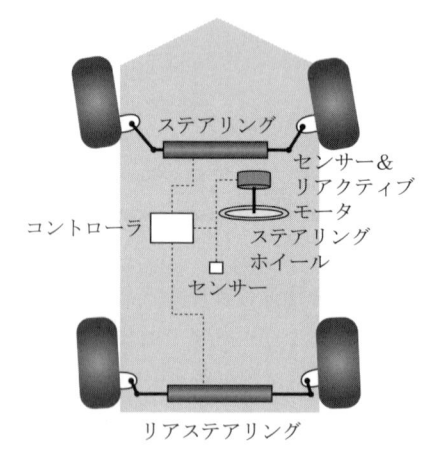

図 11.6　ステアバイワイヤ

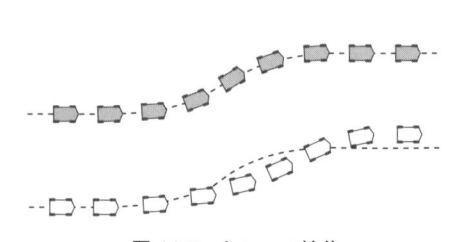

図 11.7　トレース性能

率にすることができる．また，操舵によるヨーレイトの位相遅れを補償して応答性を向上させる制御や，トレース性（ドライバーの意図どおりの軌跡で運転する性能，図11.7）を高める制御に適用できる．路面凹凸や横風などの外乱を検知して制御すれば，安定性や直進性を向上させることも可能である．

ESC（横滑り防止装置）

滑りやすい路面での走行やオーバースピードなどで車両がコントロールを失い，スピンやプローの状態に陥るのを防ぐために開発されたシステムが，ESC（Electric Stability Control，横滑り防止装置）である（図11.8）．個々のタイヤが最大の制動力となるように制御するABSに対し，ESCは，舵角，車速，ヨーレイトなどの車両全体の運動状態を検知し，ハンドル角や速度などからドライバーが進みたい進路を予測して，4輪の制動力を協調させて制御する．

図11.9のようにESCを装着しない車両がスピンする危険がある場合，ESCは旋回外輪の制動力を大きくして車両のヨーモーメントを抑制し，スピン状態に陥る前に安定な状態へと移行させる．また，プローの危険がある場合には，旋回内輪の制動力を高めて車両にヨーモーメントを与えて旋回させるように制御する．

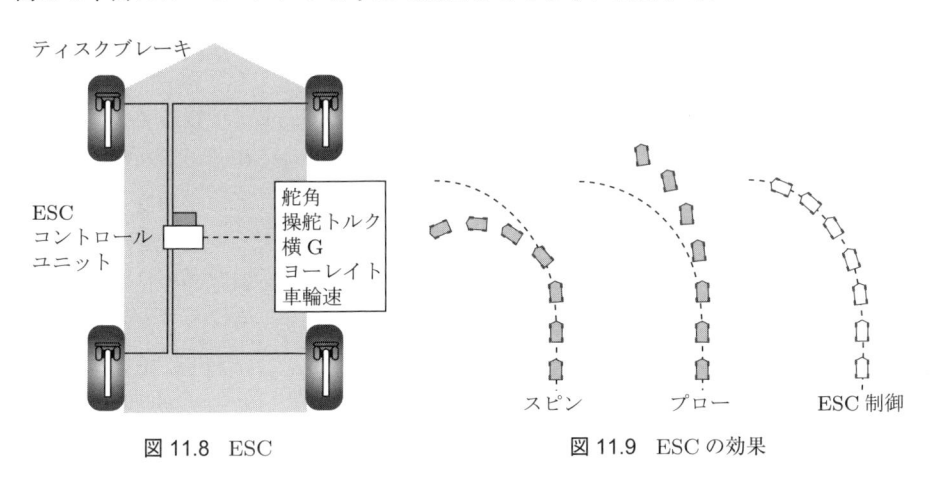

図11.8　ESC

図11.9　ESCの効果

11.3　乗り心地の制御

アクティブサスペンション

アクティブサスペンションは，乗り心地を向上し車体姿勢変化を抑制するため，サスペンションばねやダンパーの代わりにアクチュエータを用いて力を発生するシステムである（図11.10）．フワフワ感を大幅に低減することが可能で，コーナリング時の

図 11.10　アクティブサスペンション 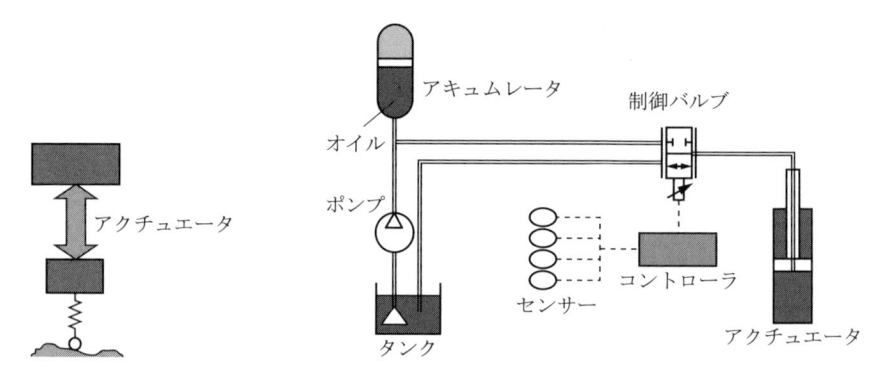　　図 11.11　アクティブサスペンションの構成

車体のロールや，ブレーキを踏むときのダイブを改善することができる．

　図 11.11 は，油圧式アクティブサスペンションの構造例である．エンジンに連結したポンプにより，アキュムレータ（蓄圧装置）に高圧のオイルを蓄える．コントローラはセンサー信号に基づいて制御量を演算し，制御バルブを高速駆動することでアクチュエータを作動させ，車両の振動や姿勢をコントロールする．

　代表的なサスペンションの制御ロジックは，**スカイフックダンパー制御**である．スカイフックダンパーとは，名前のとおり中空にフックしたダンパーで，図 11.12 に示すようなダンパーの概念を，制御によって実現するものである．中空にダンパーの片側を固定し，他方を車体に固定すれば，路面の凹凸に関係なく車体の揺れを抑えることができ，コーナーでのロールや，加減速のピッチ変化を防ぐことができる．

　実際の制御では，ばね上の加速度センサー信号を積分してばね上速度を求め，ばね上速度に応じた力をサスペンションに発生させる．つまり，ばね上の絶対速度によって制御することで，スカイフックダンパー制御を模擬する．スカイフックダンパー制御を適用すると，図 11.13 に示すように，トレードオフなしにばね上振動領域の振動を低減させることができる．

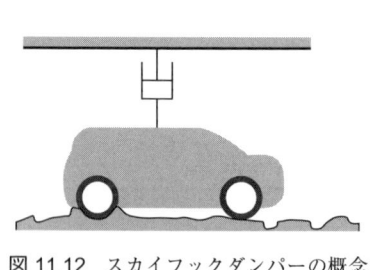

図 11.12　スカイフックダンパーの概念 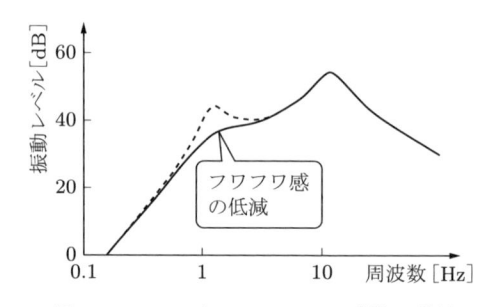　　図 11.13　スカイフックダンパー制御の効果

11.3 乗り心地の制御

アクティブサスペンションをダンパーのバルブ制御で実現する方式は，**セミアクティブサスペンション**とよばれ，実用的なシステムとして商品化されている．ダンパーはピストンとシリンダ間の相対速度の大きさと方向に依存するため，ばね上速度に応じてバルブを制御し，スカイフック制御を近似する（図 11.14）．

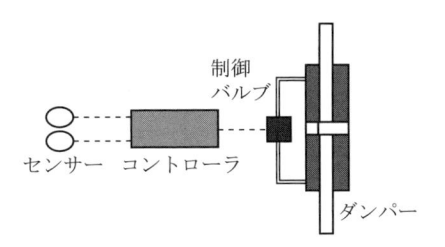

図 11.14 セミアクティブサスペンション

自動走行

前方車両をレーダーで検知して自動追従するオートクルーズや，カメラ画像で障害物を判断して自動停止するブレーキなどが商品化され，各国では自動走行に向けた研究が盛んに行われている．

高速道路のトラック隊列走行は，実用化が近いと考えられている．長時間のドライバー負担を軽減するだけでなく，自然渋滞を防ぐ効果がある．また，2台目以降は空気抵抗が小さくなり省エネ効果もある．大型トラックが，列車のように何台も連結して押し寄せる迫力に慣れることも必要だろう．

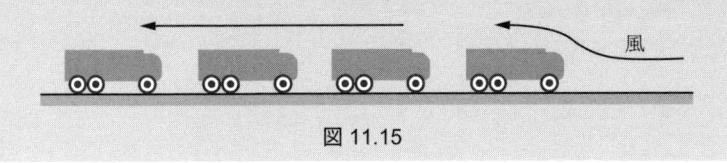

図 11.15

演習問題解答

第2章

2.1 質量 m_1 の位置を力のモーメントの中心として，つり合いを考える．m_2, m_3 までの水平長さはそれぞれ，50 mm, 100 mm であるから，式 (2.7) より l が求められる．

$$l = \frac{50m_2 + 100m_3}{m_1 + m_2 + m_3} = 62.5 \text{ mm}$$

上下長さも水平長さと同様の式で求める．質量 m_2 の高さは $50\sqrt{3}$ であるから，式 (2.8) より h が求められる．

$$h = \frac{50\sqrt{3}m_2}{m_1 + m_2 + m_3} = 36.1 \text{ mm}$$

2.2 車両と荷物を二つの質量として，式 (2.8) より重心の高さを求める．

$$H = \frac{mh + m_\mathrm{d} h_\mathrm{d}}{m + m_\mathrm{d}} = 0.59 \text{ m}$$

2.3 式 (2.14) より，車両重量を W とすると，$h - r = l\Delta W/(W\tan\theta)$ である．したがって，$\Delta W = (h-r)W\tan\theta/l = 149$ N が得られる．

2.4 ばね k_1, k_2 の点 P の等価ばねを K_1, K_2 とすると，式 (2.26) より，

$$K_1 = \left(\frac{l_1}{l_1 + 0.5l_2}\right)^2 k_1 = 1600 \text{ N/m}$$

$$K_2 = \left(\frac{l_1 + l_2}{l_1 + 0.5l_2}\right)^2 k_2 = 1440 \text{ N/m}$$

となる．これらは並列であるから，$k_P = K_1 + K_2 = 3040$ N/m がわかる．

2.5 式 (2.36) より，$l_D = k_2 l/(k_1 + k_2) = 1.5$ m となる．

第3章

3.1 時速 [km/h] を秒速 [m/s] に換算し，解図1の速度グラフより面積を計算する．

$$L = \frac{vt}{2} = 30 \text{ m}$$

3.2 時間を t，加速度を a とすると，$a = v/t = 2.5$ m/s^2 である．これより，$U = ma = 150$ N が得られる．加速度を g で表すと，$a = 150/(9.8 \times 60) = 0.26g$ で，体重の 0.26 倍に相当する．

演習問題解答　145

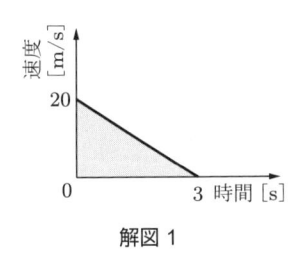

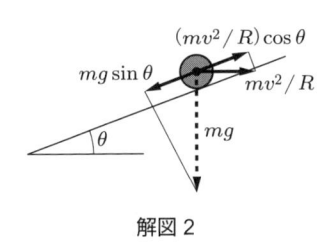

解図 1

解図 2

3.3 加速度 $0.2g$ は 1.96 m/s^2 であるから，ニュートンの法則より，次のようになる．
$$f_1 = (m_1+m_2)a = 4312 \text{ N}, \quad f_2 = m_2 a = 1960 \text{ N}$$

3.4 回転速度 1200 rpm を角速度を ω とすると，$\omega = 1200/60 \times 2\pi = 125.6$ rad/s である．これより，角加速度 $\alpha = 125.6/20 = 6.3$ rad/s^2 となる．したがって，T は $T = I\alpha = 126$ Nm 必要となる．

3.5 速度と角速度の関係より，$\omega = v/R = 0.15$ rad/s である．速度と角速度の関係より，
$$a = v\omega = 2.25 \text{ m/s}^2$$
が得られる．g に換算すると，$0.23g$ となる．

3.6 遠心力と重力が斜面方向でつり合うと舵角ゼロで走行することができる．質量 m，速度 v とすると，つり合いの関係は，$(mv^2/R)\cos\theta = mg\sin\theta$ である（解図 2）．$v = \sqrt{Rg\tan\theta} = 23.1$ m/s より，83 km/h となる．

第 4 章

4.1 式 (4.3) より，$\mu_s = \tan\theta = 0.7$ となる．

4.2 重力による斜面方向の力と，摩擦力との合計よりも大きな力が必要である（解図 3）．
$$F = mg\sin\theta + \mu mg\cos\theta = 37.2 \text{ N}$$
となる．

4.3 摩擦力と遠心力とのつり合いを考える．質量を m，角速度を ω とすると，$\mu mg = ml\omega^2$（解図 4）より，$\omega = \sqrt{\mu g/l} = 6.3$ rad/s より，60 rpm となる．

4.4 角速度を ω とすると，$\omega = N/60 \times 2\pi = 62.8$ rad/s，$v = r\omega/(1-s) = 23.0$ m/s より，83 km/h となる．

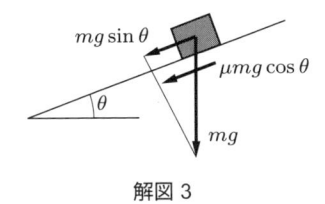

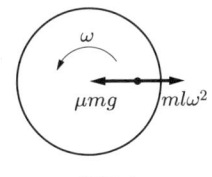

解図 3

解図 4

第 5 章

5.1 斜面を降りた直後の車速を v とすると，式 (5.18) より $v = \sqrt{2gh(1-\mu/\tan\theta)} = 9.2$ m/s である．式 (5.14) より，$L = v^2/(2\mu g) = 43.2$ m となる．

5.2 衝突加速度 $a = v^2/(2s) = 375$ m/s^2 より，$38g$ となる．

5.3 運動エネルギーがばねのエネルギーに変換される．
$$\frac{mv^2}{2} = \frac{kx^2}{2} \quad \text{より}, \quad x = v\sqrt{\frac{m}{k}} = 0.61 \text{ m}$$

5.4 式 (5.26) より，$V_2 = v_2 + \{m_1(v_1-v_2)/(m_1+m_2)\}(1+e) = 28$ m/s である．これより，100.8 km/h となる．

5.5 引き上げる力を F とすると，$F = mg = 1470$ N である．これより，仕事率 P は，次のようになる．
$$P = Fv = 14700 \text{ W} = 20 \text{ PS}$$

5.6 空気抵抗は，式 (5.48) より，$R_A = 0.5\rho C_d A v^2 = 0.5v^2$ となり，ころがり抵抗は $F_R = \mu_r mg\cos\theta = 293$ N となる．
$$mg\sin\theta = R_A + F_R \quad \text{より}, \quad v = 44 \text{ m/s} = 158 \text{ km/h}$$

第 6 章

6.1 $f_b = \dfrac{1}{2\pi}\sqrt{\dfrac{2k}{m}} = f_a\sqrt{2} = 21.2$ Hz, $\quad f_c = \dfrac{1}{2\pi}\sqrt{\dfrac{k}{2m}} = f_a\sqrt{\dfrac{1}{2}} = 10.6$ Hz

6.2 質量位置の等価ばね定数を K とすると，式 (2.26) より $K = (l_1/l_2)^2 k = 720$ N/m である．
$$f_n = \frac{1}{2\pi}\sqrt{\frac{K}{m}} = 2.1 \text{ Hz}$$

6.3 式 (6.19) より $c = 2\zeta\sqrt{mk} = 1697$ Ns/m となる．

6.4 運動の式は，$m\ddot{x} + k(x-x_0) = 0$．ラプラス変換すると，$X = kX_0/(ms^2+k)$．$s = j\omega$ を代入すると，角速度 $\omega = 2\pi f$, $X_0 = A$ より，求めたい振幅 $|X|$ は次のようになる．
$$|X| = \left|\frac{k}{-m\omega^2+k}\right|A = 0.054 \text{ m}$$

第 7 章

7.1 車両の質量を m とすると，$\mu mg\cos\theta = ma + mg\sin\theta$ である．
$$a = (\mu\cos\theta - \sin\theta)g = 0.42g$$

7.2 荷重移動を ΔW とすると前後力のつり合いは，$\mu(W_f - \Delta W) = F$．力のモーメントのつり合いは，$Fh = \Delta W l$．ΔW を消去して整理すると $F = \mu l W_f/(l+\mu h) = 4010$ N．

7.3 荷重移動を ΔW とすると，$\Delta W = hW\tan\theta/l$ である．重力による力と摩擦力のつり合いより，$W\sin\theta = \mu(W_r - \Delta W)\cos\theta$ となる（解図 5）．したがって，$\tan\theta = \mu l W_r/(l+\mu h)/W = 0.31$，$\theta = 17°$ がわかる．

7.4 制動距離 L は，速度グラフ（解図 6）の面積であるから，$L = 20t/2 = 10t$，$t = 4$ s となる．

7.5 荷重移動 $\Delta W = mah/l = 1500$ N，$B_f + B_r = ma = 8400$ N，$B_r/B_f = (W_r - \Delta W)/(W_f + \Delta W) = 0.47$ より，$B_f = 5714$ N，$B_r = 2686$ N が得られる．

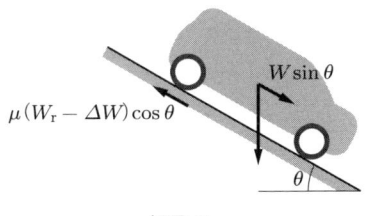

解図 5

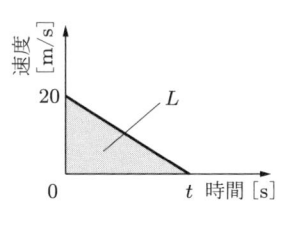

解図 6

第 8 章

8.1 旋回中心から後輪までの距離を L とすると（解図 7），$L = \sqrt{R^2 - l^2} = 4.3$ m である．$\tan\theta = 0.5l/L = 0.29$ より，$\theta = 16°$ が得られる．

8.2 $\sin\delta_o = l/R_o = 0.5$ より，$\delta_o = 30°$ となる．旋回中心〜内側後輪の距離を a とすると（解図 8），$a = R_0\cos\delta_o - b = 2.9$ m である．$\tan\delta_i = l/a = 0.86$ より，$\delta_i = 41°$ が得られる．

8.3 $\gamma = \dfrac{v}{R} = 0.3$ rad/s

8.4 質量を m とすると，$m = (W_f + W_r)/g = 1327$ kg より，$U = -mv^2/R = -5308$ N となる．

8.5 コーナリングパワー $K = 40107$ N/rad，質量 $m = 1429$ kg，$l_f = 1.1$ m，$l_r = 1.7$ m とすると，$v_B = \sqrt{2ll_r K_r/(ml_f)} = 15.6$ m/s $= 56$ km/h となる．

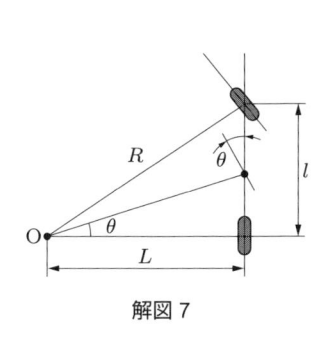

解図 7

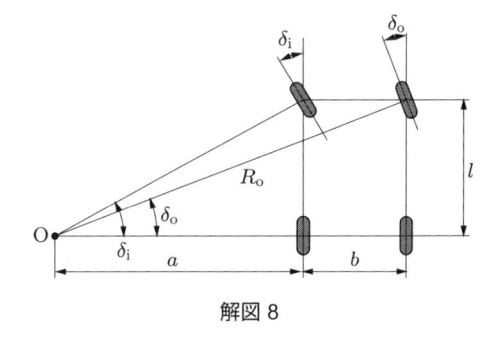

解図 8

第9章

9.1 $A = -m(l_f - l_r)/(2l^2 K) = 0.0018$ より，$A_n = AK/K_n = 0.0015$ となる．

9.2 $K = 37260$ N/rad より，$SM = lKA/m = 0.064$ となる．

9.3 前後輪のロール剛性を $K_{\varphi f}$, $K_{\varphi r}$ とすると，それぞれ次のようになる．

$$K_{\varphi f} = \frac{b^2 k_f}{2} = 32000 \text{ N/rad}, \quad K_{\varphi r} = \frac{b^2 k_r}{2} = 25600 \text{ N/rad}$$

$\varphi = 0.035$ rad より，$\Delta W_f = \varphi K_{\varphi f}/b = 700$ N，$\Delta W_r = \varphi K_{\varphi r}/b = 560$ N が得られる．

9.4 (1) $\gamma = 0$ は，車体が回転しない運動で $\omega = \dot{\beta}$ となる．解図9に示すように，車体が方向を変えずに横滑りする運動を表す．

(2) $\omega = 0$ は，重心が直進する運動で $\gamma + \dot{\beta} = 0$ となる．解図10に示すように，車体が回転しながら直進する運動を表す．

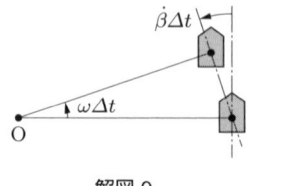

解図 9

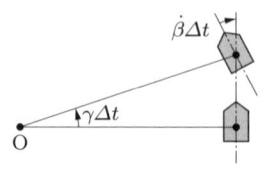

解図 10

第10章

10.1 $f = \dfrac{v}{\lambda} = 5$ Hz

10.2 $f_i = \dfrac{\sqrt{k_1/m_1}}{2\pi} = 12.6$ Hz, $\quad G = 20\log_{10}\dfrac{k_1}{m_2} = 57$ dB

10.3 式 (10.26) より，次のようになる．

$$\omega_1 = \sqrt{\frac{k_1}{m_1}} = 79 \text{ rad/s}, \quad \omega_2 = \sqrt{\frac{k_2}{m_2}} = 8.3 \text{ rad/s}, \quad \nu = m_2/m_1 = 9$$

$a = \omega_1^2 + 2(1+\nu)\omega_2^2 = 7619$，$b = \sqrt{a^2 - 8\omega_1^2\omega_2^2} = 7390$ とおくと，$\omega^2 = (a \pm b)/2$ の二つの解がダンパー不動点周波数となる．

$$\omega_1 = \sqrt{\frac{a-b}{2}} = 10.7 \text{ rad/s} \quad \text{より，} \quad f_1 = 1.7 \text{ Hz}$$

$$\omega_2 = \sqrt{\frac{a+b}{2}} = 86.6 \text{ rad/s} \quad \text{より，} \quad f_2 = 13.8 \text{ Hz}$$

参考文献

[1] 安部正人：自動車の運動と制御，東京電機大学出版局 (2008)
[2] 自動車技術会：自動車工学 —— 基礎 ——(追補版)，自動車技術会 (2004)
[3] 自動車技術会：自動車の運動性能向上技術，朝倉書店 (1998)
[4] 茄子川捷久, 宮下義孝, 汐川満則：自動車の走行性能と試験法，東京電機大学出版局 (2008)
[5] 宇野高明：車両運動性能とシャシーメカニズム，グランプリ出版 (1994)
[6] 自動車技術会：自動車技術ハンドブック 1. 基礎・理論編，自動車技術会 (2004)
[7] 自動車技術会：自動車技術ハンドブック 5. 設計 (シャシ) 編，自動車技術会 (2005)
[8] 自動車技術会：自動車技術ハンドブック 7. 試験・評価 (車両) 編，自動車技術会 (2006)
[9] 自動車技術会：自動車開発・製作ガイド，自動車技術会 (2008)
[10] 景山克三, 景山一郎：自動車力学，理工図書 (1984)
[11] ブリヂストン：自動車用タイヤの基礎と実際，東京電機大学出版局 (2008)
[12] 大川進, 本田昭：自動車のモーションコントロール技術入門，山海堂 (2006)
[13] 古川修：クルマでわかる物理学，オーム社 (2007)
[14] 大久保信行：機械のモーダルアナリシス，中央大学出版部 (1982)
[15] 景山一郎, 矢口博之, 山崎徹：基礎からの機械力学，日新出版 (2008)
[16] 末岡淳男, 綾部隆：機械力学，森北出版 (1997)
[17] 青木弘, 木谷晋：工業力学，森北出版 (2010)
[18] 長松昭男：機械の力学，朝倉書店 (2007)
[19] 安田仁彦：機械の基礎力学，コロナ社 (2009)
[20] 井藤勝悦：工業力学入門，森北出版 (2001)
[21] 末益博志ほか：機械力学，実教出版 (2007)
[22] 大島輝夫, 山崎靖夫：自動制御，オーム社 (2007)
[23] J. Hedric：Invariant Properties of Automotive Suspension, IMechE (1988)
[24] J. R. Ellis：Vehicle Handling Dynamics, MEP (1994)
[25] 斉藤猛：自動車用語中辞典 (普及版)，山海堂 (1998)
[26] 自動車技術会：自動車の百科事典，丸善 (2010)

索　引

● 欧文先頭
ABS　138
ESC　141
SI 単位　10

● あ行
アクティブサスペンション　141
アッカーマンジオメトリ　100
アライメント変化　120
アンダーステア　112
位相遅れ　76
位相差　76
位置エネルギー　55
移動座標系　34
運動エネルギー　56
運動性能　5
運動量　61
運動量保存の法則　61
エネルギー　55
エネルギー保存の法則　57
遠心力　41
オーバーステア　112

● か行
外力　32, 36
外輪差　104
角加速度　39
角速度　38
角度　38
過減衰　78
荷重移動　86
加速抵抗　68
加速度　28
慣性系　34
慣性座標系　34
慣性主軸　42
慣性の法則　32
慣性モーメント　42
慣性力　33
キャスター角　51
キャスタートレール　52
キャンバー角　52
キャンバースラスト　52
極　77
キングピン軸　52
空気抵抗　69
空走距離　7
偶力　15
駆動力　1
減衰係数　76
減衰固有角振動数　77
減衰比　77
工学単位　10
向心加速度　40
向心力　40
勾配抵抗　68
抗力　45
合力　13
固定座標系　34
コーナリングパワー　51
コーナリングフォース　50
固有振動数　75
転がり抵抗　70
転がり摩擦　69
コンプライアンスステア　120

● さ行
最小回転半径　100
最大加速度　85
最大静摩擦力　45
最大登坂角　87
作用線　13
作用点　13
作用・反作用の法則　32

散逸エネルギー　58
ジオメトリ　52
仕事　55
仕事率　66
実制動力　94
車体スリップ角　106
重心　16
自由振動　74
衝突　60
スカイフックダンパー制御　142
スタティックマージン　116
スタビライザ　119
スタビリティファクター　113
ステア特性　112
ステアバイワイヤ　140
スリップ比　48
制動距離　7
制動性能　7
制動力　1
静摩擦係数　45
静摩擦力　45
セルフアライニングトルク　52
走行抵抗　67
操縦安定性　6
速度　28
速度グラフ　30

● た行

タイヤスリップ角　50
タイヤの摩擦円　53
ダランベールの原理　33
単振動　73
弾性中心　25
力　13
力のつり合い　13
力のモーメント　13
直列ばね　21
定常円旋回　106
伝達関数　81
等価ばね　21
等減速度線　94
動摩擦係数　46
動摩擦力　46
特性方程式　75
トラクションコントロール　139

トルク　13
トレール　51

● な行

内力　36
内輪差　104
ニュートラルステア　112
ニュートラルステアポイント　115
ニュートンの運動法則　32
ニューマチックトレール　52
乗り心地　1

● は行

ばね定数　21
ばねのエネルギー　57
馬力　66
パワーステアリング　139
反発係数　60
復元力　21
フックの法則　21
ブロック線図　80
分力　13
並列ばね　21
変位　21, 28
ホイールロック　49

● ま行

摩擦角　46
摩擦係数　46

● や行

ヨーレイト　106

● ら行

ラプラス変換　79
理想制動力配分　95
臨界減衰　78
臨界減衰係数　77
レバー長　23
レバー比　23
ロック限界　96
ロール剛性　117
ロール剛性比　118
ロールステア　120

著者略歴

竹原　伸（たけはら・しん）
1977 年　東京大学工学部船舶工学科卒業
1979 年　日産自動車㈱
1985 年　マツダ㈱
2006 年　博士（工学）学位取得（東京大学）
2007 年　近畿大学工学部知能機械工学科教授
2012 年　自動車技術会フェロー
　　　　 現在に至る

編集担当　太田陽喬（森北出版）
編集責任　富井　晃（森北出版）
組　　版　アベリー / ブレイン
印　　刷　中央印刷
製　　本　協栄製本

はじめての自動車運動学
—力学の基礎から学ぶクルマの動き—　　　　　　　　　　© 竹原 伸 2014

2014 年 10 月 28 日　第 1 版第 1 刷発行　　【本書の無断転載を禁ず】
2025 年 3 月 10 日　第 1 版第 5 刷発行

著　者　竹原 伸
発行者　森北博巳
発行所　森北出版株式会社
　　　　東京都千代田区富士見 1-4-11（〒102-0071）
　　　　電話 03-3265-8341 ／ FAX 03-3264-8709
　　　　https://www.morikita.co.jp/
　　　　日本書籍出版協会・自然科学書協会　会員
　　　　JCOPY ＜（一社）出版者著作権管理機構　委託出版物＞

落丁・乱丁本はお取替えいたします.

Printed in Japan ／ ISBN978-4-627-67101-0